500년 신비를
과학으로 풀다

한국

[mʌmi]

미라

500년 신비를
과학으로 풀다

한국 [mʌmi]
미라

전승민 지음 | 김한겸 감수

1판 1쇄 발행 | 2015. 1. 7.

발행처 | **Human & Books**
발행인 | 하응백
출판등록 | 2002년 6월 5일 제2002-113호
서울특별시 종로구 경운동 88 수운회관 1009호
기획 홍보부 | 02-6327-3535, 편집부 | 02-6327-3537, 팩시밀리 | 02-6327-5353
이메일 | hbooks@empal.com

값은 뒤표지에 있습니다.
ISBN 978-89-6078-194-8 03400

500년 신비를
과학으로 풀다

한국 [mʌ́mi] 미라

전승민 지음 ─ 김한겸 감수

Human & Books

목차

MUMMY

세계는 넓고 미라는 많다

– 미라, 환경과 장묘 문화가 만든 시간의 마법 –

MUMMY

"저 취재 좀 다녀와야겠습니다."

"어딜?"

"지난번에 오산에서 발굴된 미라 있지 않습니까. 연구팀이 오늘 밤부터 그 미라를 CT컴퓨터단층촬영 장비로 정밀 조사하겠답니다. 조선 시대 여성 미라 두 구가 같은 장소에서 발굴된 것으로 많은 과학적……."

"전 기자, 지겹지도 않아? 미라란 미라를 다 쫓아다니다가 다른 일은 언제 하겠다는 거야? 내부 일도 좀 챙기고 해줘야 할 것 아니야."

"……."

편집장은 '미라'라는 단어를 듣고는 채 설명을 시작하기도 전에 말허리를 잘라 버렸다. 내심 섭섭하기도 했지만 심정은 십분 이해가 갔다. 내가 편집장이라면 아마 더 심하게 질책했을 것이다.

회사에서 월간 《과학동아》 편집부 인력을 대폭 조정한 게 불과 몇 개월 전이다. '국내 최고의 과학 잡지'란 수식어를 붙이고 있는 이곳 편집부지만 사실 경력 많은 기자 찾기는 쉽지 않았다. 쟁쟁한 선배들이야 여럿 있었지만 한국 땅에 과학 기자 자체가 몇 안 되다 보니 인력은 항상 턱없이 부족했다. 한 사람은 미국 연수 중이었고, 두 사람은 《동아일보》 신문 담당 과학 기자로 활약하고 있었다.

사정이 이렇다 보니 아직 경력이 10년도 안 되는 사람이 편집장 바로 다음 위치에 올라와 있었다. 미천한 내공으로 맡을 일은 아니다 보니 업무에만 집중해도 시간도 모자랐다. 신입 기자들의 교육과 편집장 유보 시 팀의 업무 조율을 하는 것도 중요한 일이었다. 그런 사람이 툭하면 그놈의 시체(?)만 나왔다 하면 산으로, 부검실로 뛰어나가겠다니 오죽이나 편집장 속이 부글거렸을까.

하지만 제대로 된 취재 몇 번만 더하면 국내에 없던 과학적 사실을 고고학적 검증을 통해 새롭게 정리할 수 있을 것이라는 욕심을 버릴 수가 없었다. 무엇보다 새로운 미라가 발견됐다는 소리를 들을 때마다 엉덩이가 근질거려 앉아 있을 수가 없었다.

"제가 이 취재에 벌써 2년 넘게 공들인 거 아시지 않습니까. 두세 달 안에 제대로 된 특집 기사 하나 보여 드리겠습니다."

"휴. 알았어. 갔다 오라고."

"저…… 취재 일정이 좀 길 것 같은데요."

"말리면 또 저번처럼 휴가 써서라도 갈 것 아니야. 원하는 만큼 전자 결제 올려놓고 가."

"선배, 고맙습니다."

눈물이 핑 돌았다. 바쁜 와중에 취재를 허락해 준 편집장에게 고마운 마음이 든 것이 첫 번째 이유였다. 하지만 '혹시 이번엔 진짜로 취재 못 가는 거 아닌가' 하는 불안감이 일순간 녹아 버린 까닭이 더 컸다.

'한국에도 미라가 있나? 이집트에나 있는 것 아니야? 한번 가볼까?' 처음에는 그냥 '오늘 해야 할 일'을 찾아 취재했던 한 건의 '기삿거리'에 불과했다. 하지만 몇 차례 취재를 다니다 보니 강한 지적 호기심이 일었다. 궁금증을 해결하려니 전문가들을 찾아 나서야 했고, 새 미라를 찾아 헤매야 했다. 그렇게 한국 미라를 쫓아 취재한 것이 몇 년이 지났다.

자세한 이유는 설명하기 어렵다. 단순한 흥미라고 보기엔 그 마음이 너무 컸고, 학문적 호기심이라고 생각하기엔 너무도 무절제했다. 미라에 미쳐 있었다는 표현이 가장 정확할 것이다. '한국 미라'라는 존재는 그만한 가치와 매력이 있었다.

＊ ＊ ＊

이렇게 2년간 취재한 내용을 2011년 6월,《과학동아》6월호 특집 기사로 소개했다. 핵심 내용을 정리해 소개할 수 있었고, 다행히 독자들의 평가도 좋았다. 한 대학교수는 개인적으로 만난 자리에서 "우리 아들이《과학동아》잡지를 들고 뛰어와 '한국에서 내셔널지오그래픽 다큐멘터리를 보고 있는 것만큼 흥미롭고 짜임새 있는 기사가 나왔다'고 자랑했다"는 말을 전해 주기도 했다. 미라 기사가 완성되니 회사 내에서도 평가가 좋았다. 2011년 2/4분기 최우수 기사에 이어 2011년 사내 최우수 기사로 선정되기도 했다.

늘 부족한 글솜씨를 한탄하고 사는 만큼 개인적으로는 최고의 성과였다고 생각하지만, 한편으로는 진한 아쉬움도 남았다. 20여 쪽으로 한국 미라의 진짜 매력을 오롯이 담기엔 턱없이 부족했기 때문이다.

이 책은 그런 '한국 미라' 이야기의 결정판이다. 2011년《과학동아》기사를 바탕으로 2년간의 재취재와 자료 정리를 거쳐 다시금 꼼꼼하게 엮어낸 한국판 미라 이야기이다. 노란 붕대^{아마포}를 둘둘 만 이집트 미라가 아닌, 오직 한반도 땅에만 존재하는 유일무이한 '한국 미라'의 과학적·역사적인 특징과 발생 원인, 과학적 가치 등을 다룬다.

우리나라에 어떻게 미라가 생겨나게 됐을까? 왜 썩지 않았을까? 한국 미라와 장묘 문화는 어떤 관계가 있을까? 이런 궁금증을 바탕으로 3년간 철저히 조사한 결과를 이 한 권의 책에 꾸역꾸역 담아냈다. 현재로서는 한국 미라의 발생 원인과 역사, 과학적 검증까지 최대한 현장 취재를 통해 정리한 유일한 자료라고 단언할 수 있다.

새로운 미라가 나올 때마다 수많은 취재 기회를 주었고, 바쁘고 힘겨운 와중에 선뜻 감수까지 맡아 준 미라 선문가 심한검 고려대학교 의과대학 병리학 교수, 명쾌한 해설과 시의적절한 학문적 성과로 골머리를 싸안던 기자에게 혜안을 준 고^古병리학 전문가 신동훈 서울대학교 해부학과 교수, 중국 현지 취재를 무사히 다녀오는 데 크나큰 도움을 준 신용민 동아세아 문화재연구원 원장 그리고 거친 취재 현장을 헤치고 나갈 수 있도록 튼튼한 몸과 마음을 물려준 부모님께 감사한다. 무엇보다 미라에 미쳐 산으로 들로 뛰어나간 동안 묵묵히 참아 준 김상연《과학동아》편집장, 집필에 힘을 쏟을 수 있도록 많은 배려를 해준 김규태·유용하 전임《과학동아 데일리》편집장들, 책을 무사히 마감할 수 있도록 늘 물심양면으로 도와준 이현경《과학동아 데일리》편집장과 장경애 미디어본부장께도 후배로서 크나큰 존경을 전한다.

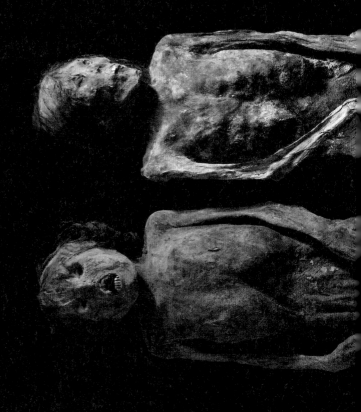

500년 세월 넘어 만난 전처와 후처. 오산에서 발견된 두 구의 미라를 나란히 눕혀 두고 촬영했다. 첫 번째 미라(위쪽)는 조선시대 한 사대부의 첫 번째 부인, 두 번째 미라(아래쪽)는 부인이 사망한 후 새 장가를 들어 맞이한 두 번째 부인이었다. 살아생전 만난 적이 없는 한 남자의 두 부인이 수백 년 세월을 거쳐 같은 자리에 누운 셈이다. 이들이 서로를 바라보는 마음은 질투일까, 애잔함일까. 아니면 세월의 무상함일까.

제1장

'미라'를 꺼내다

MUMMY

— 그들은 왜 관을 파헤쳤을까? —

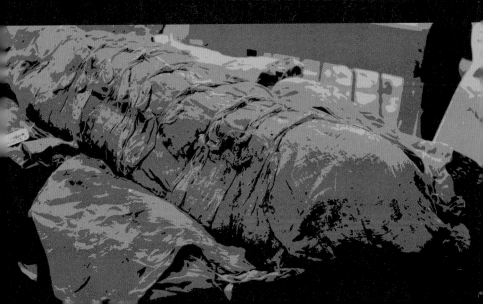

커다란 쇠끌로 소나무 관 뚜껑을 비틀어 열었다. 워낙 단단히 밀봉된 관이라 성인 남자 서넛이 달려들어야 했다. 몇 번이나 힘을 쓰면서 주변을 두들기자 간신히 끌이 나무 틈새로 파고들기 시작했다. 힘을 주어 끌을 젖히자 '펑' 하는 소리가 들리며 관 뚜껑이 튀어 오르듯 열렸다. 강한 악취가 날 것 같아서 미리 코를 틀어막았지만 의외로 향긋한 소나무 냄새가 피어올랐다.

　관 주위에는 십수 명이 둘러선 채 대기하고 있었다. 이들은 병리전문의, 의상전문가, 역사학자 등으로 구성된 발굴단원으로 너 나 할 것 없이 사회적으로 인정받는 전문가였다. 이들이 한 팀이 되어 관 옆을 둘러싸고 분주하게 움직였다. 관 뚜껑이 열리자 사람들은 우르르 관 주변으로 달려들어

손을 뻗었다. 이들은 바쁘게 움직였다. 서로 손을 맞춰 가며 퀴퀴한 냄새가 나는, 시신을 염한 부장품을 한 겹씩 벗겨내는 데 몰두했다. 시간이 얼마나 흘렀을까. 처음에 풍긴 소나무 향은 점차 흐려져 갔다. 대신 사체死體에서 배어 올라오는, 묵은 단백질 냄새가 점점 강해지고 있었다. 구역질이 올라왔지만 숨을 참아 가며 묵묵히 손을 움직이는 수밖에 없었다.

2010년 5월 9일, 서울 고려대학교 구로병원 부검실. 이곳에 10여 명의 전문가 집단이 모였다. 수백 년 전 무덤에서 발굴한 관 하나를 낱낱이 헤집어 보기 위해서다. 이날 발굴의 주축인 고려대학교 의대 김한겸 병리과 교수전 병리학회 이사장 연구팀은 부산 서경문화재연구원, 울산박물관추진단과 공동으로 발굴단을 꾸리고 미라 발굴 작업을 진행했다. 발굴단은 전날 오산 현지에서 회곽횟가루를 개어 만든 틀을 부수고 안에 든 소나무 관을 꺼냈다. 이 관을 현장에서 열지 않은 그대로 고려대학교 구로병원 부검실로 옮겨 온 것이다.

해포 과정에 참여하기 위해 전국에서 모인 전문가들. 고려대 의대 김한겸 교수 연구팀, 부산 서경문화재연구원, 울산박물관추진단은 공동으로 발굴단을 꾸리고 미라 작업을 진행했다.

그들이
무덤을 파헤친 사연

그들은 '괴인怪人'이었다. 앞뒤 정황을 모르는 사람들이 보면 '미쳤다'고 손가락질을 할 만했다. 누구 한 사람 시키지 않았는데 자진해서 모여들어 무덤을 파내고, 관을 꺼내 헤집었다. 나라고 별수 있을까. 발굴단에서 연락만 오면 즉시 하던 일을 놔두고 병원으로, 부검실로 뛰어갔다. 무엇이 이 사람들을 이렇게 만들었을까.

수백 년 묵은 이 낡은 관 속에 귀중한 연구 자료가 들어 있기 때문이었다. 관 속에서 나오는 옷가지 하나, 부장품 하나에 큰 가치가 있었다. 행여 썩지 않고 남은 시신이라도 발견되면 발굴단은 크게 기뻐한다. 수백 년 전 사람들의 육신을 고스란히 얻을 수 있기 때문이다. 이 시신은 의학·과학적으로 대단한 의미가 있다. 의학과 과학뿐이겠는가. 문화·역사·인문학도 마찬가지다. 이들이 파헤치고 있는 무덤 속에는 의복, 여성의 노리개, 살아 생전 쓰던 작은 물건, 운이 좋을 때는 그들의 문학작품 등도 발견된다. 현대에서는 돈을 주고도 구하기 어려운 다양한 문화재가 적잖게 들어 있었다. 관 속에 시신과 함께 든 물건은 사소한 것 하나도 다양한 분야의 학술 연구에 귀중하게 쓰일 수 있다.

그러니 이런 무덤에 가장 큰 관심을 보이는 이들은 조선 시대 문화재를 연구하는 고고학·역사학자들이다. 특히 의복의 변천사를 연구하는 '복식 전문가'들도 온전한 관이 나왔다고 하면 두 팔을 걷어붙이고 현장으로 달려온다. 한국 사회에는 사람이 죽으면 시신을 염險하면서 수의를 새로 지어 입히고, 살아생전 입은 옷과 부장품들을 몇 겹씩 겹쳐 입힌 다음, 남는 옷들로 관 내부의 빈 공간을 꼭꼭 채우는 관습이 있다. 이런 옷이 썩지 않은 채 그대로 무덤 속에 남아 있다. 수백 년 전 조상들이 입은 옷을 그대로 얻어갈 수 있다니, 복식사服式史 전문가들에게 이보다 더 귀중한 역사적 자료가 또 어디에 있을까. 그래서 복식 전문가 중에는 무덤깨나 파헤쳐 본 사람이 적지 않다.

무덤의 형태 즉, '장묘 문화'를 전문으로 연구하는 고고학자들도 그들 못지않게 발굴 현장을 쫓아다닌다. 무덤마다 조금씩 다른 형태, 무덤을 만든 재료, 드물게 무덤 속에 들어 있는 부장품의 종류 등을 가지고 역사적 의미를 부여하는 작업이다. 드물게 몇몇 의료 전문가도 무덤에 관심을 가진다. 특히 병리학·해부학 분야 의사가 많다. 그들은 무덤 속에 함께 묻힌 문화재에는 큰 관심이 없다. 오직 무덤 속에서 나오는 시신미라에 눈독을 들인다.

수백 년 전 시신을 얻어서 뭘 하겠다는 걸까. 이 무슨 엽기적인 일인가 싶지만 거기엔 이유가 있다. 온전한 미라 한 구가 발견되면 이 미라를 조사해 수많은 것을 알아낼 수 있기 때문이다. 먼저 이런 시신을 살펴보면 생전에 앓은 질병을 알아낼 수 있다. 수백 년 전 환자의 증세를 통해 그 시절 사람들이 자주 걸린 질병을 엿볼 수 있는 것이다. 기생충의 종류, 질병의 종류, 당시의 치료 방법까지 엿볼 수 있다. 물론 미라의 몸 상태도 큰 도움이 된다. 이런 미라를 몇 십 구만 모아서 키나 몸무게만 알아내도 조선 시대 사람들의 평균 체격을 알아낼 수 있다. 이런 내용을 연구·조사하면 과거에 없던 큰 의학·역사적 연구 결과를 얻을 수 있다. 세포가 온전하다면 당시 사람들의 유전자 정보까지도 알 수 있다. 이런 정보를 현대와 비교하면 한국인만이 가지고 있는 신체적 특징과 정보를 얻어낼 수도 있을 것이다. 과학이란, 특히 의학이란 정보를 수집하고 분석하는 학문이다. 의학과 과학의 발전에 이런 정보가 얼마나 큰 도움이 될지를 생각하면 미라는 결코 허투루 볼 수 없는 큰 가치가 있다.

그러니 연구자들은 관 속에서 나온 시신의 머리카락 하나, 손발톱 조각 하나도 귀중하게 생각한다. 결코 버릴 것이 없는 소중한 과학적 정보라고 입을 모은다. 오래된 관 하나가 수백 년 전 조상들의 육신, 의상, 장묘 관습 등을 고스란히 담은 '타임캡슐'인 셈이다. 그러니 과학자는 물론 역사학자, 복식 전문가 등 각계 전문가들이 큰 관심을 갖고 달려든다.

사정이 이렇다 보니 건설 현장 등에서 오래된 묘 자리에서 썩지 않은 관이 발견되면 이들은 서로 연락망을 가동한다. 온전한 무덤 하나가 발견되면, 바로 다음 날 수십 명의 전문가로 구성된 발굴단이 꾸려지는 것이다.

이날도 그랬다. 2010년 5월 9일, 경기도 오산. 건설 현장에서 튼튼하게 보존된, 썩지 않은 관 하나가 발견됐다는 소식이 전해지자 순식간에 전국 각지에서 관련자들이 모여들었다. 부산에서 차를 타고 여섯 시간을 달려 올라왔다는 복식연구팀, 울산에서 열차를 타고 한달음에 올라왔다는 묘재 문화재 전문가, 서울 고려대학교 미라 연구팀까지 수십 명이 현장에 나타났다. 이렇게 즉석에서 발굴단이 꾸려지고, 이들은 저마다 호주머니를 갹출해 발굴 비용을 낸다.

이들이 현장에 모인 이유는 누가 뭐래도 과학적, 고고학적 연구라는 사명 때문이었을 것이다. 하지만 정말 그 한 가지 이유만으로 만사를 젖혀 두고 현장에 나타났을까. 이들에겐 의무감을 넘어서는 무언가가 있었다. 이들은 발굴 현장 자체를 즐거이 여기는 듯했다. 모든 이의 목소리에는 활기가 넘쳤고, 박사급 전문가로만 구성된 현장에서 누구 하나 허드렛일을 꺼리지 않았다. 모두 손에 물집이 잡히도록 뙤약볕 아래에서 삽질을 했고, 구역질이 치밀어 오르는 악취를 참아 가며 수백 년 전 시체의 이곳저곳을 살폈다. 그들에겐 그래야 할 이유가 있었다. 무엇보다 미라라는 소재 자체가 주는 흥미진진함을 포기하기 어려웠기 때문이다.

옷 벗기는 데
8시간

　　　　　　　　이번에 발굴된 미라는 경기 오산 가장
2일반산업단지 개발 전 답사 과정에서 발견됐다. 전날 하루 종일 무덤을
파헤쳤던 이들은 다음 날 오전 9시에 고려대학교 구로병원에 다시 모였다.
관 뚜껑을 힘겹게 열어 보니 관 한쪽 구석에 허옇게 곰팡이가 거미줄처럼
넓게 퍼져 있는 것이 보였다. 아차 싶은 마음에 외마디 비명을 질렀다.

　"아, 이것, 내부가 오염된 것 아닐까요?"

　옆에서 지켜보던 발굴단원 한 사람이 씩 웃으며 설명한다.

　"아마 어제 내부가 온전한지 확인하기 위해 잠시 관 뚜껑을 비집은 사이
에 세균이 들어갔나 봅니다. 이렇게 곰팡이가 생겼다는 건 내부가 깨끗하

고 무균상태였다는 증거일 수도 있어요. 잡균이 있었다면 이미 관 내부에 자체적으로 세균의 생태계를 형성하고 있었을 겁니다. 그게 아니라면 이렇게 빨리 균이 퍼졌을 리 없지요. 옷이 수십 겹 감싸고 있으니 아마 부장품은 별 손상이 없을 겁니다."

나를 비롯한 발굴단원 모두 안도의 한숨을 내쉬고는, 묵묵히 관 속의 부장품을 하나하나 수습하기 시작했다.

작업은 병원 업무에 방해되지 않도록 일요일과 휴일에만 진행했다. 아침부터 모여 비교적 밝은 분위기 속에서 작업했다. 그러나 오후가 되자 발굴단원들은 지친 기색이 역력했다. 옆에서 사진을 찍고, 틈틈이 허드렛일을 돕던 나도 손놀림이 점점 느려져 갔다.

꽤나 더운 날이었다. 아직 한여름은 아니었지만, 한낮의 온도가 벌써 20도를 훌쩍 넘어서고 있었다. 휴일이다 보니 건물의 환기장치도 제대로 가동되지 않았다. 덥고, 습하고, 냄새가 났으며, 공기는 탁했다. 좁은 방 안에서 수십 명이 모여 작업을 하다 보니 쓰고 있던 안경에 수증기가 끼는 것을 수시로 닦아내야 했다. 오랫동안 갇혀 있던 시신에서 피어나오는 단백질 냄새도 점점 진해지고 있었다. 답답함을 참기 힘들었다. 잠시 나가서

찬바람을 쐬고 싶은 욕구가 간절했다. 하지만 차마 발길을 돌리긴 어려웠다. 눈앞에서 조선 중기 이전에 사망한 여성 미라가 모습을 드러내고 있었기 때문이다.

발굴단은 묘비, 관 위에 붙어 있던 명정에 적힌 문구를 살펴보고, 이 미라를 임진왜란 이전에 사망한 지체 있는 집안의 부녀자로 추정하고 있었다. 관 속에서 나온 여러 가지 부장품도 이런 사실을 증명했다. 누가 보아도 귀한 집안의 자손이었다고 판단할 만했다. 소나무 관 자체는 일반 관보다 훨씬 크고 튼튼하게 짜여 있었다. 금실로 수놓은 비단 옷, 진한 남색의 실로 튼튼하게 짠 겉옷, 예쁜 쪽빛 물을 들인 치마저고리 등은 한눈에 봐도 고급품이었다. 물질이 풍요로운 요즘에도 보기 드문 것들이라 지체 높은 집안사람들의 옷임을 짐작케 했다.

이날 미라 발굴은 시신^{미라}을 염해 둔 옷가지들을 한 꺼풀씩 벗겨 내는 방식으로 진행됐다. 이런 과정을 전문가들은 '해포'라고 불렀다. 우리나라 사람들은 시신에 수의를 해 입힌 다음, 그 위로 평상시에 입던 옷을 몇 겹 입혀 하나의 큰 천 뭉치처럼 둥글게 꽁꽁 묶어 둔다^{이런 과정을 '염'한다고 한다}. 그러고는 시신을 넣고, 관 주변의 빈틈도 평소에 입던 옷가지로 빈틈없이

채워 둔다.

해포란 부패한 시신에서 배어 나온, 퀴퀴한 냄새가 나는 옷을 손으로 일일이 하나씩 벗겨 내는 고된 작업이었다. 더구나 아직 부장품 틈에서 원인을 알 수 없는 병원균이나 바이러스 같은 것이 섞여 있을 가능성도 배제할 수 없었다. 작업자들은 대부분 두꺼운 마스크를 쓰고 작업했다. 더운 날, 환기도 잘되지 않는 부검실 한쪽 구석에서 악취와 싸우며, 땀이 흐르는 더위 속에서 마스크조차 벗지 못하는 상황은 대단한 인내심을 요구했다.

처음에 '오늘 하루 종일 해포 작업을 진행하겠다'는 말을 들었을 때는 농담으로 치부했다. 아무리 관이 크더라도, 수십 명이 달려들어서 시체 하나를 감싸 둔 옷을 벗기는 데 무슨 시간이 그리 오래 걸릴까 싶었다. 그러나 막상 작업 과정에 참여해 바로 옆에서 지켜보니 하루 만에 이런 작업을 끝내는 건 정말 속성으로 일을 진행하는 거라는 생각이 들 정도였다.

사실 작업이 느려지는 건 문화재를 아끼는 마음에서 기인한 것이다. 관속에 담긴 옷 한 벌, 노리개 하나가 수백 년 전 유산이다 보니 발굴단은 최대한 부장품의 손상을 피하려고 한다. 조상들이 입던 옷을 그대로 얻으려면 그만한 수고가 따라야 하는 것이다. 그렇게 모든 작업을 하나하나 세심하게 하다 보니 결국 시작부터 더딜 수밖에 없었던 것이다.

작업 과정에서는 전문가가 아니면 하기 힘든 부분도 있다. 관 뚜껑을 열고, 시신 주변을 마구 둘둘 만 커다란 천 꾸러미를 벗겨 내는 작업은 모두가 달려들어 함께 작업한다. 하지만 미라의 몸에서 의복을 벗겨내는 것은 어디까지나 '복식' 전문가들의 몫이다. 이들은 행여 미라가 입고 있던 옷이 조금이라도 손상될까 염려해 차근차근 하나씩 정해진 순서에 따라 옷을 벗겨냈다. 오래된 옷이다 보니 자칫 조금이라도 잘못 취급하면 찢겨 나가거나 올이 풀릴 염려가 있었다. 옷감이나 천의 특성, 옷의 형태와 입고 벗는 법을 잘 아는 사람이 아니면 함부로 손대기 힘든 작업이었다.

한두 시간이 흘렀을까. 아직 미라가 온전히 모습을 드러내지는 않았지만 의복은 여성의 것이었다. 커다란 치마, 저고리, 장옷 같은 부장품이 하나하나 꺼내졌다.

"어머, 이것 보세요. 참 예뻐요."

"그러네요. 어쩜 이렇게 수놓은 것도 정교할까요?"

발굴 과정에서 금실로 수놓은 옷과 옥으로 만든 노리개가 발견되자 발굴에 참여한 한 여성이 외쳤다. 살풍경하고 아름답지 못한 현장이었지만, 작은 부장품 하나를 놓고 그들은 천진한 아이들처럼 기뻐했다.

해포 과정이란 결국 딱딱하게 굳은 시신이 입고 있던 옷을 벗기는 일이다. 그 자체로 적지 않은 중노동이다. 무거운 시신을 늘어 옮기고, 시신의 팔다리를 손으로 잡아 이리저리 움직이는 일도 많다. 그것도 수십 겹으로 되어 있는데, 그 하나하나의 옷가지를 손상이 가지 않도록 일일이 손으로 벗겨내야 한다.

더군다나 복식 전문가는 대부분이 여성이다. 시신을 쳐다보는 것만으로도 두려움을 느낄 만한, 가냘프고 어여쁜 여성들이 수백 년 전의 시신에서 옷을 벗겨내는 작업은 보통의 체력과 담력을 가지고선 달려들기 어려운 작업이다. 이들은 해포 과정에서 조금이라도 의복이 떨어진 것이 있으면 그 자리에서 일일이 실로 기웠다. 제대로 꿰매 두는 것은 여건상 어렵더라도, 더 이상의 손상을 막기 위해 임시 처치를 하는 것이다. 만약 의복 이외의 부장품이 나오면 하나도 빠짐없이 꼬리표를 달고 사진을 찍었다.

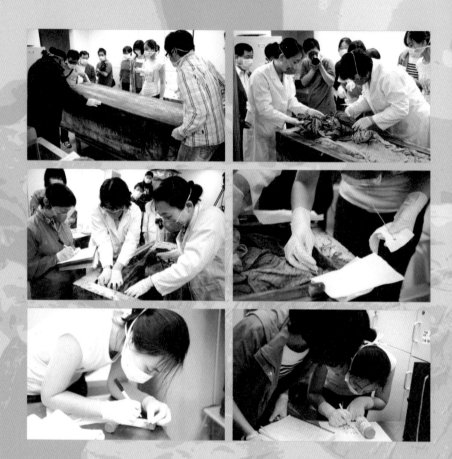

①	②
③	④
⑤	⑥

① 부검실로 옮겨 관 뚜껑을 열기 위해 외부 상태를 살펴보고 있다. 관 자체도 귀중한 문화재 이 기 때문에 최대한 손상되지 않게 작업한다.

② 관 뚜껑을 열고 위쪽을 덮어 둔 각종 옷가지들을 수습하고 있다.

③ 발굴되는 부장품은 모두 꼼꼼히 기록한다. 이런 일은 옷의 형태만 보고도 즉시 알아볼 수 있 는 복식 전문가들이 맡는다.

④ 발굴 과정에서 틈틈이 옷가지 등에 묻어 있는 시료를 채취한다.

⑤ 의료용 바이알(실험용 유리병)에 담은 시료에 일일이 라벨을 적어 붙이고 있다.

⑥ 즉석에서 리트머스시험지를 이용해 산성도 측정 역시 진행했다. 조조표와 비교해 보면 산성- 염기성 정도를 즉시 알 수 있다.

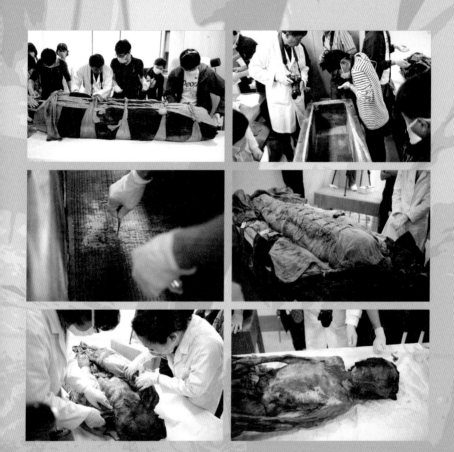

⑦	⑧
⑨	⑩
⑪	⑫

⑦ 주변 부장품을 모두 꺼내고 시신을 염해 둔 꾸러미를 부검 테이블 위로 올리고 있다.

⑧ 염해 둔 시신을 꺼낸 빈 관의 모습을 촬영했다.

⑨ 관 밑바닥에서도 마지막으로 시료를 채취한다.

⑩ 시신을 염해 둔 꾸러미를 일차로 풀어헤친다.

⑪ 막바지 작업이 한창이다. 혹시나 미라와 복식에 손상이 가지 않도록 최대한 섬세하게 진행하고 있다.

⑫ 모습을 드러낸 미라. 팔 등에서 일부 손상이 보이지만 상반신의 형태는 온전히 보존된 것을 볼 수 있다.

부검실 옆 작은 대기실^{시신을 해부하는 '부검실' 옆에는 거의 대기실을 마련해 둔다. 시신을 의}
사가 해부하는 동안 마음을 졸이며 부검 결과를 기다리는 가족들을 위해서이다에는 깨끗한 천을
깔아 두고 관 속에서 꺼낸 물품들을 종류별로 늘어놓았다. 처음엔 널찍했
던 대기실이 시간이 지날수록 점점 발 디딜 곳 없이 부장품으로 꽉꽉 들
어찼다. '관 하나에 이렇게 많은 옷이 들어갈 수 있나' 싶은 생각마저 들었
다.

이 과정에서 과학적인 조사도 진행됐다. 연구팀은 한 꺼풀씩 미라의 옷
과 부장품을 벗겨낼 때마다 의료용 리트머스시험지를 이용해 산성도, 단
백질 함량 등을 측정했다. 또 발굴 과정에서 머리카락, 손톱, 나뭇조각 등
이 나올 때마다 채취해 바이알^{실험용 유리관}에 담고 뚜껑을 닫았다. 추후에
세균 배양 검사나 유전자 검사 같은, 정확하고 과학적 분석을 하기 위해서
였다.

폐병으로 사망한
사대부집 부인

"이거, 좀 도와주셔야겠는데요"

해포 작업의 막바지. 여성 복식연구팀이 도움을 요청했다. 행어 의복이 손상될까 싶어 아무도 선뜻 손을 내밀지 못하던 상황이었다. 옆으로 다가가 살펴보니 미라 상반신의 마지막 저고리 한 점을 벗겨내기에 힘이 부쳤던 모양이다. 의료진 두세 명이 조심스럽게 장갑을 끼고 접근해 미라의 팔을 잡았다. 딱딱하게 굳어 버린 미라의 팔 관절이 빠지거나 뼈가 부러져서도 안 되고, 귀한 문화재인 옷이 찢어져서도 안 될 일이었다. 이리저리 팔과 의복을 맞추며 돌려 보기를 수십 분. 오랜 실랑이 끝에 마침내 미라의 어깨관절이 저고리 밖으로 빠져나왔다. 아침에 시작한 작업이 어느덧 저녁까지 이어지고 있었다. 몇 시간을 고되게 옷을 벗겨내던 작업은 마침내 결실을 보고 있었다. 수십 겹의 수의를 모두 벗겨내고 마침내 미라가 모습을 드러냈다.

미라의 피부는 검붉게 변해 있었고, 하반신은 바싹 말라 있었다. 오른쪽 다리는 살아 있는 노인의 다리처럼 온전했지만, 왼쪽 다리는 정강이 부분이 썩어 뼈가 드러나 있었다. 군데군데서 피부가 굳어진 흰 가루가 툭툭 떨어졌다. 썩어 버린 다리와 일부 하반신을 제외하면 다른 곳의 보존 상태는 양호했다. 상반신만 놓고 보면 비쩍 마른 노인이 목욕을 몇 달이고 하지 않은 채로 얼굴에 천을 덮고 누워 있는 것처럼 보였다. 미라가 당장 벌떡 일어나 앉아도 이상하지 않을 것 같다는 생각이 들었다.

발굴에 참여한 의료진의 허락을 얻어 마스크를 쓰고, 수술용 장갑을 끼고 팔뚝 위 피부를 눌러 봤다. 체온이라곤 느낄 수 없는 차디찬 피부였기 때문에 손을 가져다 대는 순간 '살아 있는 사람이 아니라 시체를 만지고 있다'는 자각이 강하게 들었다. 하지만 피부의 탄력 자체는 살아 있는 사람과 큰 차이가 없을 만큼 보존 상태가 좋았다. 손가락으로 누른 곳은 잠시 후 아무런 흔적도 없이 부풀어 올랐다. 촉촉하게 윤기마저 느껴졌다. 하지만 이 정도 보존 상태로는 참여한 의료진을 100% 만족시키기는 어려운 듯했다.

발굴에 참여한 김한겸 교수가 아쉬운 듯 말했다.

"지금까지 발굴된 미라와 비교하면 상태가 썩 좋은 편이라고는 말하기 어렵습니다. 그래도 다행히 주요 장기는 훼손되지 않았네요. 이것만으로도 많은 정보를 얻을 수 있으니 연구할 가치가 있습니다."

김 교수는 대한병리학회 이사장을 지낸 석학으로, 병리학 전문의다. 특히 국내에선 미라 전문가로 잘 알려져 있다. 지금까지 여러 구의 미라 발굴과 연구에 참여해 많은 학문적 성과를 낸 인물이다.

김 교수의 말은 십분 이해가 갔다. 나도 취재 과정에서 지금까지 여러 구의 미라를 눈으로 살펴본 적이 있었기 때문이다. 어떤 미라는 피부색까지 살아 있는 사람처럼 핑크빛을 띠고 있어서 방금 죽은 사람과 큰 차이가 나지 않았다. 하지만 그렇지 않은 경우도 많았다. 미라가 매번 완전한 형태로 출토되지는 않는다. 어떤 미라는 사지가 온전하지만 바싹 말라 있고, 어떤 미라는 심한 악취를 풍긴다.

하지만 대부분의 한국 미라는 보존 상태가 굉장히 좋은 편이다. 해외 미라 전문가들은 '미라가 아니라 잘 보존된 시체'라는 평가를 내릴 정도다. 세계 어떤 나라를 가도 찾아보기 힘들 만큼 상태가 양호하다. 이런 점은 한국 미라의 큰 특징 중 하나다.

외국에서 '미라'라고 발견된 것은 특별한 경우를 빼면 보통 둘 중 하나이다. 건조한 환경 때문에 바싹 말라 버렸거나, 일 년 내내 추운 겨울인 시베리아 등 영구동토 지역에 있어 꽁꽁 얼어붙어 썩지 않은 것이다. 물론 미라의 대명사인 이집트 미라처럼, 사람이 인공적으로 방부 처리를 해서 만든 것도 있다.

하지만 한국에서는 이렇게 마르지도 얼지도 않은 '자연' 미라가 발견된다. 피부가 촉촉하고, 의료 검진을 하면 사망 원인을 규명해 낼 수 있을 만큼 보존이 잘돼 있다. 세포가 충분히 형태를 유지하고 있어서 조식 검사기 가능한 경우도 있다. 인체의 수분에 반응하는 'MRI자기공명영상촬영'를 해도 영상이 찍혀 나올 정도이다.

이날도 그랬다. 비록 다리 한쪽은 썩어 있었지만 의료진이 잘 보존된 미라를 보며 한눈에 사망 원인을 예측해 낼 수 있을 만큼 보존 상태가 좋았다. 발굴된 미라를 살펴보던 의료진은 혀부터 끌끌 찼다.

"관의 형태나 입고 있는 수의로 보면 부유층 사람이었던 것으로 보여요. 영양 상태가 나빴을 리는 없다는 거지요. 하지만 이렇게까지 마른 체형이라는 건 만성질환을 앓고 있었다는 뜻입니다. 여기 한쪽만 갈비뼈가 비대해진 것이 보이죠? 염증이 심해 부어오른 흔적입니다. 자세한 건 더 연구해 봐야 알겠지만, 아마 폐병으로 고생하다가 기도 폐색 등으로 사망했을 확률이 높아요. 생전에 고생이 심했을 텐데."

　김 교수가 말했다. 병리학 전문가들은 눈으로 쓱 훑어보기만 해도 이런 것을 척척 맞춰 낸다. 미라 연구 현장을 여러 차례 따라다녔지만 이들의 식견에 늘 혀를 내두르게 된다. 하기야, 범죄 현장에서 발견된 시신만 가지고 사망 시간과 원인, 범인까지 맞춰 내는 현장 과학수사팀[CSI]의 '법의학' 전문가들도 모두 병리학 전문의다. 그러니 이들은 보존 상태만 우수하다면 수백 년 전 죽은 사람이라도 사망 원인을 알아낼 수 있는 것이다.

오산 미라 해포 과정에서 발견된 옷. 금실로 수가 놓여 있어 미라가 생전 높은 신분이었음을 증명하고 있다.

미라는
귀한 연구 자료

해포 작업의 막바지. 작업 8시간 만에 겨우 끝이 보였다. 이제 남은 것은 시신을 염할 때 얼굴을 가리는 '멱목幎目'과 손을 감싸는 '악수握手'뿐이다. 발굴단이 서둘러 이것들을 떼어내려 하자 김 교수가 손을 뻗어 제지했다. 자칫 시신미라이 손상을 입을 수도 있다는 의미였다. 이 두 가지 수의는 시신을 염할 때 맨 처음 시신을 감싸는 옷이다. 수백 년이 지나면서 얼굴과 손 표면에 말라붙어 있었다. 함부로 힘을 주어 뜯어내다가는 미라의 피부가 크게 손상될 수도 있었다. 그는 "내가 직접 작업하겠다"면서 즉시 조수를 불렀다. 그러고는 "지금 바로 병리과로 올라가 멸균된 생리식염수와 분무기를 구해 오라"고 지시했다.

얼마나 시간이 지났을까. 조수가 지시한 물건을 가져오자 김 교수는 분무기에 멸균 식염수를 담아 여러 번 부셔 내고, 다시 새 식염수를 담았다. 그것도 모자라 땅바닥에 분무기를 수차례 이상 뿌렸다. 분무기 관 속에 혹시나 남아 있을지 모를 오염된 물을 제거하기 위해서다. 김 교수는 미라의 얼굴과 손이 축축이 젖도록 식염수를 뿌렸다. 그리고 잠시 기다려 조금씩 벗겨내기 시작했다. 잘 벗겨지지 않을 때마다 식염수를 뿌리고 기다리기를 반복했다. 이렇게 조심스럽게 두 가지 수의를 떼어내자 마침내 미라

35

가 수백 년 세월을 건너 모습을 드러냈다.

미라의 얼굴은 코가 주저앉아 있었고, 피부색은 검붉게 변해 있었지만 얼굴 부위는 보존 상태가 매우 양호했다. 반쯤 감긴 눈꺼풀 뒤로 검은 눈동자까지 보였다. 치아 역시 온전했다. 발굴에 참여한 치과 전문의는 치아를 살펴보고는 "비교적 젊은 나이에 사망한 것 같다"고 단정 지었다. 아직 정확한 나이는 알 수 없지만, 치아의 뿌리나 형태, 마모도로 보아 중년기 이후에 사망한 것은 아닐 거라는 것이었다. 이런 점은 머리카락을 봐도 드러났다. 모발 역시 보존 상태가 우수했는데 흰머리는 찾을 수 없었다.

연구단은 온몸이 완전히 드러난 미라를 그 자리에서 간단히 살펴봤다. 키를 재보니 153센티미터 정도였고, 두 팔은 온전했다. 다른 곳도 뼈가 부러지는 등 큰 외상을 입은 곳은 없었다. 손상된 곳은 썩어 뼈만 남은 한쪽 다리뿐이었다. 이런 미라를 보통 잘 보존된 미라와 구분하기 위해 '반미라'라고 부르기도 한다. 하지만 썩은 한쪽 다리를 제외하면 큰 손상은 발견되지 않았다. 적어도 사고를 당해 죽은 것은 아닌 셈이다.

일단 발굴단은 미라의 옷을 모두 벗겨냈다. 하지만 뼈가 드러난 한쪽 발에 신겨져 있는 버선만큼은 더 이상의 손상을 막기 위해 벗기지 않았다. 미라의 발목뼈가 부서져 나갈까 우려한 것이다. 본래 발굴단은 맡은 바 일이 정해져 있다. 의복은 복식사연구팀이, 미라는 의료연구팀이 담당한다. 더 이상 훼손을 막기 위해 김 교수는 복식사연구팀에게 미라의 버선 한 짝을 양도받는 것으로 하고 이날의 해포 작업을 끝냈다.

발굴단은 이제 각자 헤어져 이날 얻은 자료로 저마다의 연구를 진행할 예정이다. 복식연구팀은 이날 얻은 의복을 손상 없이 세탁하고, 고유의 색을 살려 복원할 생각이다. 사망 시기가 비교적 정확한 미라의 옷을 분석해 보면, 시대에 따라 바뀌어 온 의복의 변천사를 알아낼 수 있다. 다시 말해, 시대에 맞는 의복사 연구를 진행할 수 있게 된 것이다. 역사 연구가들이 무덤의 형태와 관의 모습 등을 놓고 장묘 문화 등을 연구하는 것과 마찬가지다.

고려대학교 병리연구팀의 목적도 역시 미라다. 힘겨운 발굴 작업이 끝났지만 이제 겨우 연구를 시작할 '재료'를 얻었을 뿐이다. 연구팀은 이 시점에서 미라가 정확히 몇 살에 죽었는지는 알 수 없었다. 머리카락이 아직 검은 점, 치아가 생각보다 보존이 잘되어 있는 점으로 비교적 젊은 나이에 사망했다고 보고 있었지만, 정확한 사망 시기와 원인을 알아내려면 부검이나 엑스레이 촬영, 탄소연대측정 같은, 정밀한 추가 연구가 필요했다. '오산 미라' 검증 작업은 이제 막 시작됐을 뿐이었다.

한국 미라는 가족을 좋아한다?

발굴, 해포, 검식 과정을 모두 취재한 미라는 오산에서 발견된 여성 미라다. 사실 이튿날 발견된 두 번째 오산 미라도 존재한다. 오산 미라는 모두 두 구인 셈이다. 당시 발굴에 참여한 전문가는 "묘에서 발견된 명정을 보면 두 미라는 남편의 직위에 따라 각각 정9품, 정6품 품계를 받았다"며 "당시 평균 승진 기간을 고려하면 한 남편이 약 7년 만에 두 아내를 모두 잃은 것으로 보인다"고 설명했다. 연구팀은 두 구의 미라를 구분하기 위해 오산 6미라, 오산 9미라로 부르고 있다. 결국 이 두 구의 미라는 차례로 발굴 작업을 거쳐 보관돼 오다가 2011년 5월 같은 날 함께 병원 검사대에 누웠다. 과학적인 연구를 위해 현대 진단 장비로 다양한 검사를 하기 위해서다.

한국 미라의 특징은 여러 구의 미라가 같은 장소에서 한꺼번에 발견되곤 한다는 것이다. 이런 경우는 대부분 가족 미라다. 우리나라엔 가족관계를 중요시해 집 가까운 곳에 선산을 마련해 대대손손 가까운 장소에 매장하는 문화가 있다. 그러니 미라는 한번 발견되면 서너 구가 한꺼번에 발견되는 경우가 많다.

이런 사례는 적잖게 발견된다. 2004년 대전에서 발견된, 사망 시기로 따져 국내에서 가장 오래된 미라로 꼽히는 '학봉 장군 미라'는 부인과 3대 후손의 미라와 함께 발견됐다. 3대 후손과 학봉 장군, 두 구의 미라만이 나란히 대전 계룡산자연사박물관에 전시돼 있고, 다른 미라는 연구용으로 보관 중이다. 출산 중 사망한, 세계에서도 보기 드문 미라로 알려져 있는 '파평 윤 씨 모자 미라'도 사실은 두 구의 다른 미라와 함께 발견됐다. 복중 태아를 포함하면 네 구의 미라가 함께 발견된 셈이다.

CT 장비로
미라를 찍다

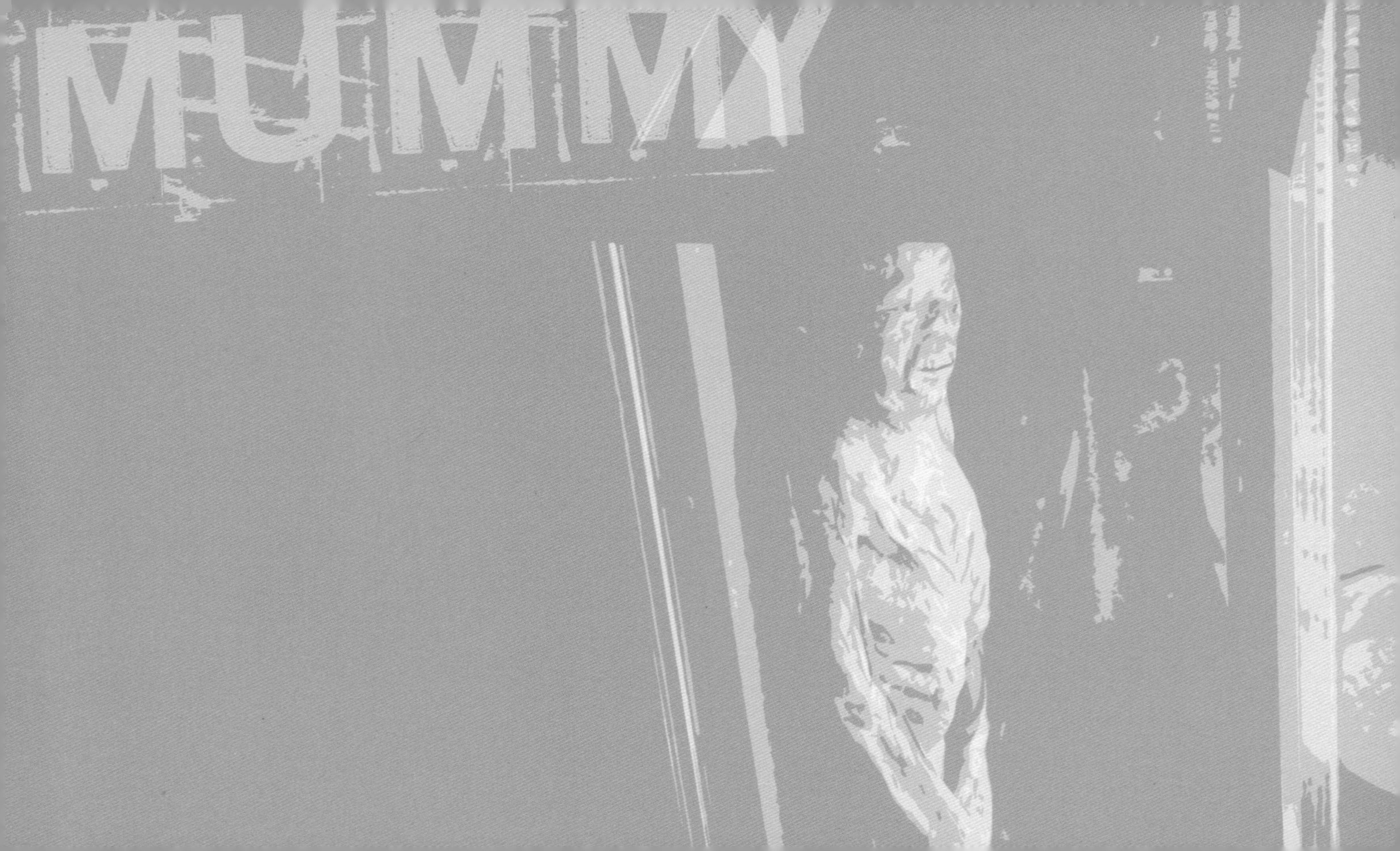
MUMMY

"제가 절을 올려도 되겠습니까?"

"그러시지요. 기뻐하실 겁니다."

2010년 11월 13일 오후, 김한겸 고려대학교 의대 병리과 교수는 치과 개업의 정광호 원장과 함께 대전 중구 목달동에 있는 여산 송씨 가문 선산의 무덤 앞에서 절을 했다. 이곳은 송씨 가문 조상들을 한곳에 모신 가족묘다. 오늘 차려진 푸짐한 제사상의 주인은 조선 초기 인물인 '송효상'이었다. 송씨 가문 족보에는 효상이란 인물이 종이품 내금위장^{內禁衛將}, 정이품 어모장군^{禦侮將軍} 등 무반으로서 벼슬을 지냈다고 기록돼 있다. 종이품이면 수군통제사 등과 같은 품계다. 정일품, 종일품 등은 정승, 판서, 고위 행정직이 대부분이었다. 사실상 무인으로서는 최고 관직에 올랐다고 볼 수 있다.

이 인물의 시신은 지금도 누구나 마음만 먹으면 볼 수 있다. '학봉 장군'이란 이름으로 대전 계룡산자연사박물관에 전시되어 있기 때문이다. 실제 미라를 살펴보면 큰 키에 잘 발달한 상체 근육이 두드러져 보인다. 한눈에 보아도 오랜 수련을 거친 무인의 풍모다. 이 미라는 발굴 당시엔 후손들이 있었으며 흔쾌히 기증도 했다. 하지만 일가친척이 모두 모인 '종친회'의 존재는 당시에 밝혀지지 않았다. 그 후 발굴단이 나서 과학 실험을 진행했고, 실험을 마친 후 박물관에 기증하기까지 했다.

수 년 후 종친회가 나타났다. 종친회 후손들은 이 미라가 발견된 곳에서 시제時祭: 음력 10월에 5대 이상의 조상 무덤에 지내는 제사를 지내기로 했다. 박물관 안에서 직접 제사를 지낼 수는 없으니 다른 조상들이 함께 묻혀 있는 선산에서 제를 올린 것이다.

후손도 아닌 김 교수와 정 원장이 이곳을 찾은 이유는 한 가지다. 고인에 대한 감사의 마음을 담아 자신들이 쓴 과학 논문 2편을 제사상에 올리기 위해서다. 김 교수는 이 미라를 조사해 '사인'을 밝혀내 의학 논문을 쓰고, 2008년 당시 의학 학술지인 《병리기초응용학회지PAAT》에 게재했다. 정 원장도 마찬가지다. 그는 치과 전문의답게 미라의 치아 마모도를 조사해 사망 나이를 밝혀낸 후 논문으로 썼다. 그는 논문으로 2010년 8월 박사 학위를 받았다. 미라를 연구해 박사 학위를 받은 것은 국내에서는 정 원장이 처음이다. 15세기에 사망한 사람의 육신이 현대 의학과 과학 발전에 이바지한 데다 박사 학위 수여자까지 배출한 셈이다.

김한겸 고려대 의대 병리과 교수와 치과 개업의 정광호 원장이 대전 중구 목달동에 있는 여산 송씨 가문 선산의 무덤 앞에서 절을 하고 있다. 송씨 가문 조상들의 제사를 지내는 '시제' 때, 자신들이 연구한 과학논문 2편을 헌상했다. 물론 과학적으로는 이런 행동이 큰 의미가 있을 리 없다. 그러나 유가족이나 후손들의 문화를 이해하고, 그들의 마음을 다독이는 것은 과학자로서 꼭 지켜야 할 덕목 중 하나다.

두 과학자는 학봉 장군 미라를 위한 정식 제사가 진행된다는 소식을 듣고 대전까지 먼 길을 찾아와 이들의 제사상에 자신들의 연구 성과를 바쳤다. 종친회에서는 이 논문 기증을 크게 기뻐했다. 여산 송씨 종친회장은 이날 두 사람에게 "가문의 대표로서 크게 고맙게 생각한다"며 "기증한 두 편의 논문은 종친회에서 영구 보관할 생각"이라고 밝혔다. 김 교수는 "국내에서는 미라가 발견돼도 과학 연구 기증을 꺼리지만 미라의 과학적 연구는 가문과 고인을 더 영광스럽게 할 수도 있다"고 강조했다.

미라를 연구하는 '괴인'들에게 그 이유를 물으면 대부분 "그냥 재미가 있다"고 답한다. 그들은 순수한 학자로서 미라가 생긴 이유가 궁금했고, 그 미라가 남긴 정보를 되짚어 과거를 되돌아보는 그 자체로 흥미로웠다고 답

제사에 참여했던 전문가 일행이 함께 사진을 찍었다. 왼쪽부터 정광호 원장, 류용환 대전시립박물관 관장, 김한겸 교려대 의대 병리과 교수.

한다. 이런 개인적인 흥미가 모이면 학문이 된다. 국내 실정이야 개인이 호주머니 돈을 털어 연구하는 경우가 대부분이지만 해외에선 미라 한 가지만 연구해 '석학' 대우를 받는 과학자가 적지 않다. 미라가 남긴 과거의 정보는 의학, 고고학, 생명과학 분야 발전에 큰 도움이 되기 때문이다. 결국 미라를 연구하는 것은 인류에게 새로운 지식을 늘려 나가는 작업이다. 그만한 정성과 노력은 보상을 받기에 충분한 가치가 있다. 미라는 결국 과학 연구를 위한 귀중한 재료로서 현실적인 가치가 있기 때문이다.

과학논문 2편을 헌상받은 미라의 모습. 흔히 '학봉장군 미라'라는 별명으로 불린다. 대전 계룡산자연사박물관에 전시돼 있다.

학봉 장군 미라가 안치된 계룡산자연박물관 외관(위)과 2층 미라전시관(아래)

한국 미라에
저주 따윈 없다

1922년 이집트에서 발견된 '투탕카멘' 왕의 미라는 '저주'로 유명하다. 피라미드를 발굴한 고고학자 대부분이 사망한 이 사건은 80여 년이 지난 지금까지도 미라를 무서운 존재로 인식시키고 있다. 이 사건은 결국 미국 내셔널지오그래픽 채널이 2006년에 역사적 고증과 과학 기법을 동원한 조사를 벌인 끝에, "미생물 감염이 원인이었을 것"이라고 밝혔다.

한국의 미라는 어떨까? 일단 저주는 없을 것으로 보인다. 오산에서 발견된 두 구의 미라를 의료진이 조사한 결과, 한국 미라는 거의 무균상태에서 보관되며 해로운 세균도 전혀 없다는 사실이 처음으로 밝혀졌기 때문이다.

경기 오산시 가장2일반산업단지에서 미라를 발굴한 지 1개월이 지난 2010년 6월, 연구팀은 연구 결과를 발표했다. 오산에서 발굴해 해포 작업을 거친 미라와 그 주변에서 발견된 또 한 구의 다른 여성 미라를 같은 방법으로 정밀 조사한 결과였다.

이 두 구의 미라는 관이나 무덤 속에서 나온 부장품의 기록을 살펴본 결과, 조선 시대 한 고위 관직자의 전처와 후처로 유추할 수 있었다. 첫 번째 부인이 사망한 후 남자는 새 장가를 들었고, 두 번째 부인마저 사망해 남편과 같은 묘 자리에 나란히 묻혀 있다가 발굴된 것이다. 5월 9일 관에서 꺼낸 미라가 후처, 30일 꺼낸 미라가 전처다. 발굴에 참여한 조선 시대 묘제 전문가 김우림 박사울산시립박물관장는 당시 "묘에서 발견된 명정을 보면 두 미라는 남편의 직위에 따라 각각 정9품, 정6품 품계를 받았다"며 "승진 기간을 고려하면 한 남편이 7, 8년 만에 두 아내를 모두 잃은 것으로 보인다"고 설명했다.

연구팀은 해포 과정에서 오산 미라 두 구의 세균 상태를 조사해서 재미있는 사실을 한 가지 알아냈다. 한국 미라는 조금도 세균이 없는 '무균'상태에서 보관됐다는 증거가 나온 것이다. 해포 당시 연구팀은 미라의 두툼한 '염'을 벗겨낼 때마다 한 조각씩 샘플을 떼어내 보관했다. 이것들을 배양실에 넣어 키운 후 어떤 세균이 묻어 있었는지를 꼼꼼하게 살폈다. 하지만 딱히 세균의 유무를 판단할 수 없었다. 세균 배양 작업을 맡은 이갑노 고려대학교 구로병원 진단 검사의학과 과장은 "미라를 감싼 부장품과 수의, 손톱 등의 부산물을 일일이 조사했다"며 "조선 시대부터 관 속에 남아 있었을 것이라고 의심이 가는 세균은 찾아내지 못했다"고 말했다.

조사 결과 첫 번째 미라에선 관 속의 물방울, 수의 등에서 총 네 종류의 세균을 발견했다. 두 번째 미라에서는 직장直腸; 항문과 천금天衾; 시신을 마지막으로 덮는 천 등에서 두 종류의 세균을 발견했다. 여섯 종류의 세균은 모두 흙 등에서 발견할 수 있는 잡균으로 병원성 세균은 없었다.

이갑노 과장은 "일부 세균이 발견됐지만 병원성 세균이 아니었고, 흙이나 공기 중에서 찾기 쉬운 잡균이 대부분이었다"며 "발굴 과정, 혹은 해포 과정에서 공기 중에 떠돌던 세균이 섞여 들어갔다고 보는 것이 더 타당하다"고 했다.

더 재미있는 것은 해포 과정에서 세균 채취와 함께 진행한 '산성도 측정' 결과다. 연구팀은 미라가 든 나무 관을 옮겨와 뚜껑을 열고 옷과 부장품을 수십 겹을 조심스럽게 벗겨내며 조사했다. 이때 한 겹의 옷을 벗겨낼 때마다 매번 의료용 리트머스시험지산성, 염기성 여부를 알아볼 수 있는 작은 검사지로 산성도를 체크했다. 맨 처음 관을 열었을 때는 산성도 수치인 pH가 중성인 7로 나왔다. 그러던 것이 오히려 점차 8, 9로 증가한 것으로 확인됐다. 염기성 상태로 미라가 보관돼 있었다는 의미다. 관 속이 산성이어야 한다는 지금까지의 학설과는 전혀 다른 것이었다.

당시까지만 해도 미라는 미생물의 활동이 둔해지는 산성 환경에서 만들어지는 것으로 알려져 있었다. 미라가 관 속에 갇혀 있을 때 부패 도중에 많은 유기산을 형성했고, 산성이 높아지며 세균이 모두 죽어 미라가 오랫동안 썩지 않는 것이라고 생각했다. 하지만 이번 연구 결과는 기존 학설을 부정할 수 있는 의미를 담고 있어 연구진의 관심을 얻었다.

500년 만에 받는
건강검진

　　미라는 살아 있는 사람처럼 CT와 MRI, 엑스레이 등으로 건강검진을 받는 경우도 많다. 미라 몸속을 살펴보려면 해부^{解剖}, 내시경검사 등의 기법도 쓰이지만 상처를 입히지 않으려면 이 방법이 최선이기 때문이다.

　　2011년 5월 4일 오후 10시경. 뒤늦게 연락을 받은 나는 밤잠을 포기하고 서울 구로구 고려대학교 구로병원으로 달려갔다. 미라 두 구를 본격적으로 실험한다는 소식을 받은 후였다. 굳이 늦은 밤에 조사를 하는 이유는 이해할 만했다. 벌건 대낮에 검붉은 시신을 들고 병원 곳곳을 오가며 검사했다간 당장에 외래환자들의 항의가 빗발칠 것이다.

　　병원 현장에 도착하니 두 구의 오산 미라가 영상의학과의 한 침대 위에 나란히 누워 있었다. CT 검사를 진행하기 위해 가져온 미라 두 구를 나란히 한자리에 눕힌 것. 살아생전 만나지 못한 두 부인이 500여 년 만에 나란히 첨단 검진을 받는 셈이다.

　　진단 검사 장비의 예약, 연구 스케줄 확립 등 다양한 준비가 필요하다고 판단한 연구팀은 1년간의 준비 기간을 거쳐 이날 겨우 미라를 조사하게 됐다. 지금까지는 미라가 손상을 입지 않도록 저온 보관하고 있었다. 서로

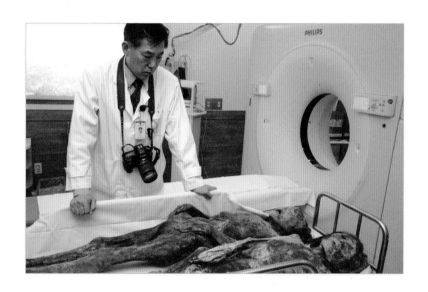

면식이 없을 두 부인이 나란히 누워 있는 모습을 보니 묘한 심정이 올라
왔다. 미라에 대한 연구는 국내에서도 수차례 있었지만 두 구의 여성 미
라를 한꺼번에 조사한 것은 이번이 처음이었다. 이들에게 영혼이 있다면,
수백 년 세월을 지나 나란히 건강검진을 받고 있는 지금 자신들의 모습을
어떻게 생각할까. 서로를 어떤 심정으로 바라보고 있을까. 질투일까, 반가
움일까, 아니면 수백 년 세월 속에서 느끼는 무상함일까.

　연구팀은 대학 내 영상의학과 전문가들과 공동으로 오후 10시 30분부
터 다음 날 오전 2시 30분까지, 4시간에 걸쳐 정밀 조사 작업을 벌였다.
이들은 미라를 조사할 때 건강검진에 동원되는 현대 첨단 기술을 대부분
동원한다. 엑스레이를 찍고, CT를 찍고, 보존 상태가 좋은 미라는 MRI까
지 찍는다. 물론 살아 있는 동물에만 반응하는 fMRI<sup>보통 MRI와 달리 '혈류량'을 측
정한다</sup> 같은 검사는 진행하지 않는다.

이들은 먼저 미라의 몸 곳곳을 엑스선으로 찍어 골격 상태를 확인했다. 두 구의 미라를 전신 촬영하다 보니 이것만으로도 1시간이 훌쩍 지나갔다. 검사 결과 뼈가 부러진 곳은 없었다. 다만 발굴 당시 반쯤 썩어 사라진 두 번째 부인의 왼쪽 발목뼈만이 원형을 유지하지 못하고 있었다. 외견상 살펴봤을 때 두드러진 상처는 없었던 것으로 보아 두 미라가 큰 사고를 당해 돌연히 사망했을 확률은 적었다.

연구팀은 이어 종양이나 큰 병으로 사망했는지를 알아보기 위해 64채널 MD-CT초정밀컴퓨터단층촬영기로 미라 전신을 촬영했다. MD-CT는 촬영 데이터를 처리하면 일반 CT 기기와는 다르게 인체 내부를 또렷한 3차원 컬러 영상으로 만들 수 있는 특수 장비다. 연구팀은 MRI 촬영 역시 진행할지 고민했으나 논의 결과 포기했다. MRI는 강한 자기장으로 사람을 포함해 동물의 몸속까지 살펴볼 수 있는 장비다. 특히 '수분'에 주로 반응한다. 이 미라는 발굴 당시부터 다소 수분이 적은 편이어서 올바른 영상이 나오지 않을 거라고 판단했다. 물론 한국 미라는 또렷한 MRI 촬영이 가능한 경우가 많다.

촬영 결과 첫 번째 부인 미라는 연구팀의 큰 관심을 받았다. 아랫배가 나와 있는 점 그리고 비교적 젊은 나이에 사망한 점 등으로 미뤄, 사망 당시 임신 중이었을 것으로 추정하고 있다. CT 화면으로 둥근 물체를 확인했지만 태아라는 사실은 아직 확정하지 못했다.

오산 미라 두 구에 대한 추가 연구는 이 글을 쓰는 2014년 초까지 아직 진행되지 않고 있다. 전문가들이 정보를 공유하며 당시 모은 데이터를 분석하는 작업이 한창이기 때문이다. 이 결과를 놓고 다시 사인을 밝히는 작업을 진행하려면 적잖은 준비가 필요했다.

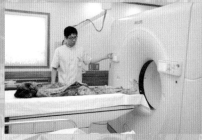

① 미라 검사를 위한 준비 과정. 기기의 상태를 살피고 수분이 적은 미라의 몸에 맞춰 CT의 출력 등을 조정한다.

② 검사를 위해 CT 촬영실로 옮겨 온 미라의 모습. 이날은 오산에서 발견한 두 구의 미라를 모두 검사했다.

③ 일반 환자들과 검사 방법은 똑같다. 다만 조영제 등을 주사해야 하는 폐 정밀 촬영 등은 할 수 없다.

④ 의료진이 CT 촬영을 마친 미라를 옆 방 X선 촬영실로 옮겨 와 골격 상태를 다시 상세히 살펴보고 있다. 모니터 위로 척추 및 골반뼈가 온전히 보전된 모습이 또렷이 보인다.

김 교수는 "확보한 정보를 영상의학과, 치과 등 전문 의료진과 함께 분석해 사망 원인 등을 알아낼 예정"이라며 "필요하다면 내시경검사, 조직 검사, 법의학적 부검 등을 모두 진행할 것"이라고 했다. 미라 연구로 박사 학위를 받은 정광호 원장도 조사에 참여해 CT 영상으로 치아의 마모도를 확인하고, 미라의 사망 연령을 추정하게 된다.

내가 이런 실험에 참여한 것은 이번이 처음은 아니다. 2009년 4월 17일, 전남 나주시에서 발견된 '나주 미라' 역시 같은 조사 과정을 거쳤다. 이 미라는 같은 달 29일 의료진의 검진을 받았다. 인체의 3차원 영상을 만들 수 있는 MD-CT로 미라의 온몸을 샅샅이 찍었다. 엑스선 촬영도 했다. 미라는 뼈가 부러진 곳은 없었으며 심장이나 허파 같은 내장 기관이 그대로 남아 있었다. 이 미라는 전남 문화 류柳씨 문중 묘에서 발견된 것으로 류씨 집안에 시집온 이李씨 여인으로 알려져 있다. 김 교수팀은 이 미라를 1년 정도 연구한 후 가족에게 돌려주었다.

고려대 의대 병리과 김한겸 교수팀은 영상의학과 영환석 교수팀과 공동으로 다채널컴퓨터단층촬영(MD-CT) 장치로 촬영한 오산 미라 두 구를 3차원 영상으로 만들어 《과학동아》에 공개했다. 왼쪽 두 장은 첫 번째 부인, 오른쪽 두 장을 두 번째 부인의 모습이다. 연구팀은 이 영상으로 미라의 사망 원인을 규명할 예정이다.

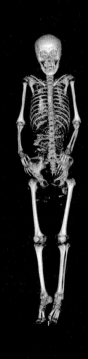
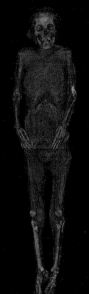
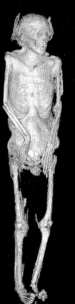

머리카락 한 올도
귀한 자원

내가 직접 실험에 참가하진 않았지만 취재 과정에서 알아본 미라 연구 방법은 다양하다. 연구팀은 미라의 경우엔 사망 시기를 유추하기 위해 '탄소연대측정법'이란 첨단 연구 기법까지 동원하기도 한다. 탄소연대측정법은 자연계에 드물게 존재하는 탄소14^{C14}가 조사 대상에 얼마나 남아 있는지를 확인해 연대를 추정하는 방법이다. 탄소14의 양이 절반으로 줄어드는 데 걸리는 시간^{반감기}이 5730년이라는 점을 이용해 미라의 사망 시기를 계산한다. 대전 계룡산자연사박물관에 전시 중인 학봉 장군 미라가 이런 사례로 연구한 경우다.

연구팀은 보관 중인 미라 1구에서 대장 조직을 일부 추출해 탄소연대측정법으로 조사한 결과 540년 전^{오차 범위 40년} 생존한 인물로 추정된다고 밝힌 바 있다. 인체 내장 조직으로 시도한 것은 당시가 처음이었다. 의복을 가지고 탄소연대측정법을 적용한 적은 드물게 있었지만, 의복이 꼭 미라의 사망 시기에 만들어진 것은 아니라는 점에서 오차가 생길 확률이 높다.

이 밖에도 3차원 영상을 통한 치아 분석, 부검, 내시경을 이용한 미라 신체 내부 조사 등 다양한 기법이 총동원된다. 미라를 해부해 얻은 뼈의 길이, 무게 등도 모르고 있던 역사적 사실을 알게 해주는 경우다. 학봉 장군 미라를 조사했던 정 원장과 고려대학교 의대 김한겸 교수팀의 도움을 받아 육안 및 현미경 관찰, 엑스선, CT, MRI 등 영상 의학적 검사, 내시경 검사 등으로 이 미라의 삶을 추적했다. 이런 조사 방법을 총동원하면 수백 년 전 사망한 사람의 사망 시기, 사망 당시의 나이, 사망 원인 등을 거의 정확하게 알 수 있다. 학봉 장군은 1420년대에 태어나 42세쯤 사망한 것으로 나타났다. 생전 키는 167.7센티미터, 턱수염과 콧수염이 발달한 외모였고 흰머리도 조금 있었다.

사망 원인은 부검 결과 밝혀졌다. 식도와 위 등에서 많은 양의 '애기부들'이라는 식물의 화분^{꽃가루}이 검출된 것이다. 애기부들은 소시지처럼 생긴 수생식물로 6월부터 7월까지 연못이나 강가의 얕은 물속에서 산다. 직장과 대장에서는 다수의 간흡충란도 발견됐다.

연구진은 검사 초기에는 익사 가능성을 제시했다. 누가 보더라도 강변에서 천렵을 즐기다가 물에 빠져 사망했을 거리고 추측할 만했다. 하지만 이런 가설은 틀렸다. 여름에 사망한 시신이 미라가 됐다는 사실 때문이다. 김한겸 교수는 "여름에 익사한 시신은 몇 시간만 방치해도 심한 부패가 진행된다"며 "3개월 장을 치르는 당시 장묘 문화를 생각하면, 익사한 변사체를 아무리 각별히 보관했다고 해도 온전히 미라가 되기 어려웠을 것"이라고 했다.

이 문제에 대한 답은 꽃가루 전문가인 김기중 고려대학교 교수가 찾아냈다. 당시 한약재로 애기부들 꽃가루^{蒲黃, 포황}를 한약재로 사용하는 경우가 많았다는 자료를 찾아낸 김기중 교수는 학봉 장군 미라에 대해 기관지 내시경검사, 흉강경 검사, 폐조직 검사 등을 추가로 시행했다. 그 결과 학봉 장군 미라는 기관지확장증과 같은 중증 폐질환을 앓다가 피를 토하는 폐질환기관지확장증 추정에 따른 기도 폐색으로 사망한 것으로 결론지었다. 연구팀은 당시 학봉 장군 미라와 함께 발견된 그의 부인 미라도 조사했는데, 치아와 뼈에서 추출한 유전자^{DNA} 분석을 진행한 결과 동물의 소변이나 오염된 물 또는 음식물에 의해 '렙토스피라균'에 감염됐다는 사실도 알아냈다. 결국 이 연구 결과로 당시에도 식중독을 일으키는 수인성 전염 병원균이 존재했다는 사실을 처음 밝혀냈다. 이 부부의 위와 장에서는 간흡충란이 발견되기도 했다. 이로써 당시 사람들이 민물고기를 날로 즐겨 먹었다는 사실을 증명했다.

의학·세균학 역사 다시 쓴
미라 연구

　　　　　　사람들이 미라를 연구하는 이유는 수
백 년, 수천 년 전 사망한 사람의 시신을 통해 다양한 정보를 얻을 수 있
기 때문이다. 수백 년, 수천 년 전의 의료 정보를 담은 '타임캡슐'이 눈앞에
나타난 셈이다. 이런 미라를 여러 구 수집해 본격적으로 통계를 낸다면 꽤
많은 정보를 알아낼 수 있다.

　실제로 이런 연구를 통해 의학사醫學士를 다시 쓰기도 한다. 신동훈 서
울대학교 교수팀은 2006년 미라 연구를 통해 기생충학 역사를 재조명
했다. 20년 전 처음 발견된 기생충을 400년 전 조선 시대 여성 미라에서
검출하는 데 성공한 것이다. 신동훈 교수는 서울대학교 의대 채종일 교
수, 단국대학교 의대 서민 교수 등과 공동으로 2006년 4월 경남 하동군
화력발전소 건설 현장에서 나온 여성 미라를 조사해 참굴큰입흡충학명 :
Gymnophalloides seoi을 발견했다. 참굴큰입흡충은 1988년 복통 환자에게서 처
음 발견됐으며, 1993년에 서울대학교 의대 기생충학교실이 처음으로 확인
해 세계 학회에 보고한 신종 기생충이다. 이런 기생충의 역사를 미라 발굴
을 통해 다시 쓴 것이다.

　하지만 이 학설은 새로운 미라를 연구한 결과 다시 한 번 기록이 바뀌

었다. 신 교수, 서민 교수팀은 2011년 충남 예산군 삽교읍 회곽묘灰槨墓에서 발굴된 16세기 중년 남성 미라에서 '참굴큰입흡충의 알이 또다시 검출됐다고 2013년 1월 다시금 밝혔다. 한국 미라가 기생충학의 역사를 두 번이나 바꾼 것이다. 서 교수는 "하동의 미라보다 100년이나 앞선 이번 삽교에서의 발견으로 참굴큰입흡충의 유행 지역이 지금보다 훨씬 넓었다는 가설이 입증됐다'고 밝혔다. 이 연구 결과는 미국기생충학회에서 발간하는 국제학술지《기생충학 저널》최신 호에 게재됐다.

신 교수는 같은 해 10월 또 다른 연구 결과도 발표했는데, 이번엔 미라가 아닌 '지층'을 분석해 기생충학 정보를 알아냈다. 광화문 앞에서 세종로로 이어지는 서울의 중심가가 조선 시대에는 냄새 고약한, 분뇨가 밟히는 더러운 거리였음을 실증한 것이다. 신 교수팀은 경복궁 담장, 광화문 광장의 세종대왕 동상 아래, 시청사 부근, 종묘 광장 등 서울 사대문 주요 지점의 지층에서 각종 기생충 알을 발견했다.《조선왕조실록》등 고문헌에 한양의 오염 상태가 기록되긴 했지만 흙에서 추출한 기생충 알로 이를 실증적으로 밝혀낸 것은 이 연구가 처음이었다.

연구팀은 지층에서 간흡충간디스토마, 회충, 편충, 광절열두조충의 알을 발견했다. 이들 기생충은 포유류나 어류 등 동물을 숙주로 삼아 인체로 침투한 후 장기에서 기생하다 변을 통해 다시 밖으로 나오기 때문에, 이 발견은 한양 번화가에 인분이 널려 있었음을 알려 주는 증거가 된다. 지층이 형성된 시대는 15~18세기로 생각된다. 요즘 흙에서 기생충 알이 이렇게 많이 나오는 지역은 위생 시설이 열악한 개발도상국의 대도시 정도다. 결국 광화문 앞거리는 똥오줌으로 오염된, 지저분하고 열악한 생활환경이었을 것이라는 게 신동훈 교수의 결론이다. 한양에 인구가 크게 늘어나면서 인분 수거가 제대로 안 됐고, 그 결과 기생충에 감염되는 사람 역시 급속도로 늘어났다는 것이다. 사실 이런 문제는 우리나라뿐 아니라, 위생 관념이 발달하지 않은 과거 유럽, 일본, 중국 등 어느 나라를 막론하고 발생하던 문제였다. 다만 우리 한양 역시 같은 현상을 겪었다는 역사적·과학적 근거를 발견했다는 점에서 큰 가치가 있지 않을까.

실제로 우리 조상들은 기생충 때문에 큰 고초를 겪은 것으로 보인다. 신동훈 교수는 2012년 9월, 16~18세기에 사망한 조선 시대 미라 18구의 연구 결과를 발표했는데, 이 결과에 따르면 우리 조상들은 결핵 등 질병에 걸리지 않은 대신 기생충에 시달려 온 것으로 조사됐다. 신 교수는 당시 언론 발표를 통해 "미라 시료試料에서 결핵균 유전물질이 발견되지 않는다"며 "결핵은 공기를 통해 전염되기 때문에 인구밀도와 밀접한 관련이 있다. 조선 사회는 산업화와 도시화가 진행되기 전이었고 인구밀도 또한 높지 않아 결핵이 널리 퍼지지 않았다"고 설명했다. 그러나 기생충은 자주 발견됐다. 미라 18구 중 9구[50%]에서 회충 유전물질이 발견됐다. 14구[77.8%]에서 편충 유전물질이, 5구[27.8%]에서 각각 간흡충과 폐흡충[폐디스토마] 유전물질이 나왔다. 대부분 미라에서 한 가지 이상의 기생충이 나왔다는 의미다. 현대인의 기생충 감염률이 2% 미만이라는 점을 생각하면 대단히 높은 수치다.

대한민국 양대 미라 연구팀의 차이점

- "미라 옷 벗기는 것도 과학 실험의 일환"

혼히 국내 미라 연구의 양대 축으로 김한겸 고려대학교 병리과 교수팀과 신동훈 서울대학교 해부학과 교수팀을 꼽는다. 두 팀은 저마다 연구 목적에 차이가 있다. 김 교수팀은 '병리학'이 전공이다. 환부와 세포를 눈으로 살펴보고 병의 종류를 알아맞힌다. 흔히 병원에 가면 하는 '조직 검사'는 병리 의사들의 몫이다. 암세포 조각 하나를 가지고 꼭 필요한 항암제 종류를 콕 찍어 주는 것도 이들이 하는 일이다. 그러니 김 교수는 조선 시대 미라를 보면 '사인 규명'부터 하려고 한다. 조선 시대 미라가 왜 죽었을까, 어떤 병 때문에 죽었을까를 연구하는 것이 목적이다.

반면 신 교수는 목적이 조금 다르다. 서울대학교 법의학연구소 고병리연구실 실장을 맡고 있는 그는 미라 연구도 더 전문적으로 한다. 미라에서 발견된 기생충은 물론, 세균 등 모든 연구 재료를 총동원해 가능한 모든 정보를 얻어 내려고 한다. 김 교수팀은 학자로서 개인적 호기심으로 발굴된 미라를 분석·검증하는 데 주력하지만, 신 교수팀은 대학에서 연구팀을 꾸려 본격적으로 매진한다. 수많은 미라의 다리뼈 길이를 측정해 평균값을 구한 결과 조선 시대 남녀의 평균 키를 알아내기도 했다.

서로 입장 차이가 있다 보니 해포 과정부터 연구 방식에서 차이가 난다. 김 교수팀은 미라의 옷을 한 꺼풀씩 벗겨낼 때마다 측정지를 이용해 산성도, 단백질 함량 등을 측정한다. 곰팡이 자국이나 머리카락, 손톱, 나뭇조각 등이 나올 때마다 채취해 작은 유리병에 담는다. 곰팡이 등 세균 흔적이 보이면 면봉 등으로 조심스럽게 닦아 시험관에 넣는다. 이렇게 모은 샘플을 분석해 미라가 수백 년 동안 보관된 관 속의 환경을 유추해 보고 있다.

반면 신 교수팀은 미라를 꽁꽁 묶어 둔 천을 풀지 않고 그대로 CT로 넘어간다. 해포 과정에서 미라가 손상을 입을 수 있으니 먼저 영상부터 확보하겠다는 계산이다. 그 이후 해포를 진행하며 부장품을 모은 다음, 본격적으로 기생충 검사, 부검, 세포를 이용한 유전자 분석 등 다양한 연구를 진행한다. 김 교수팀은 온전한 미라 연구에 관심을 두는 편이지만 신 교수팀은 부패한 반#미라나 백골도 연구할 가치가 있다고 생각한다.

미라를 연구하는 학자들은 이렇게 확보한 미라의 신체 조직을 보관하는 데도 많은 공을 기울인다. 과학이 계속 발전하고 분석 기술이 좋아지면, 이런 조직을 통해 지금은 알아낼 수 없는 많은 정보를 얻을 수 있을지도 모른다는 기대 때문이다. 또 이런 정보를 계속해서 축적하고, 시기별로 많은 자료를 모으다 보면 미라 한두 구로는 알 수 없는 사실을 찾을 수도 있다. 이런 미라 학자들의 목표는 미라에서 얻은 의학 정보를 기본으로 조선 시대에서 현대로 이어지는 우리 민족의 질병사와 생활사 등을 알아내는 일이다.

미라 나이 어떻게 알아낼까

한국 미라가 보존 상태가 좋은 편이긴 하지만 수백 년 전에 죽은 시신이다. 더구나 전통 장례 문화를 감안하면, 매장 전에 손상을 입을 확률이 컸다. 얼핏 보아서는 노인인지 젊은 이인지를 알아내기 어렵다는 말이다. 하지만 대부분의 미라는 사망 시 나이가 거의 정확히 분석돼 있다. 이런 사망 당시 나이는 어떻게 알아내는 걸까?

가장 기본적인 방법은 '호구조사'다. 족보나 무덤에 새겨진 기록 등이 있다면 당연히 비교적 정확한 나이를 알 수 있다. 하지만 수백 년 전 무덤이라면 이런 자료가 거의 없는 경우도 있다. 이럴 경우는 먼저 치아의 마모도를 조사한다. 먼저 미라의 치아를 CT로 세밀하게 단면 사진을 찍는다. 그다음 이 CT 자료를 분석해 3차원 이미지로 재구성한 다음, 치아의 마모 정도를 평균적인 연령대의 치아 마모도와 비교하는 등 정밀하게 분석해 나이를 역으로 추정한다. 치아의 마모도를 비교하는 기준은 치아 분석 공식이 있는데, 흔히 '다카이 교모도'라고 부르는 판정 기준표를 따른다. 다만 실제 치아는 이갈이, 음식을 씹는 습관 등에 따라 마모도에 큰 차이가 나기 마런이다. 따라서 실제 치아와 턱 모양을 바탕으로 계산해 3차원 이미지로 가상의 치아를 만든 다음, 그 치아의 마모도와 시간을 비교해 오차를 줄인다.

이런 방법을 국내에서 처음 도입한 건 김한겸 고려대학교 교수팀이다. 김 교수 연구팀은 이 방법으로 3구의 미라 나이를 추정했는데, 2002년 경기 파주시에서 발견된 '파평 윤씨 모자 미라'의 나이는 23세, 2003년 경기 안산시에서 발굴한 '봉미라'는 51세, 2003년 경기 고양시 일산에서 발굴된 '흑미라'는 64세로 추정했다. '봉미라'는 발굴 당시 신겨져 있던 버선에 '봉' 자가 적혔다고 해서 붙은 이름이다. '흑미라'는 전체적으로 검은색을 띠고 있어서 이런 별명을 얻었다. 파평 윤씨 모자 미라와 봉·흑미라 등 다양한 한국 미라의 특징은 7장에서 상세히 설명한다.

| 제 3 장 |

무덤까지 파헤치다

MUMMY

국내 미라 전문가들을 아무리 열심히 취재해도 알기 어려운 점이 있었다. 주로 의료 전문가인 그들은 과학적인 사실보다 '미라' 그 자체에 관심을 가지는 편이다. 보통 '이 미라는 폐병을 앓다가 450년 전에 죽었습니다'라는 식의 사인 규명에 능했다는 이야기다. 이런 연구 결과를 종합해 연구하다 보니 '미라를 부검하고 현미경으로 조사한 결과, 우리나라 기생충학의 역사를 다시 쓸 수 있게 됐다'고 말하는 학자도 있었다. 미라를 통해 발견한 병리학, 세균학, 기생충학 분야의 우수한 연구 성과는 해마다 여러 건이 등장한다.

  그러나 "한국 미라는 물리적·화학적으로 어떤 과정을 거쳐 만들어진 겁니까?"라는 질문에 속 시원하게 답을 내놓을 수 있는 사람은 거의 없었다. 물론 미라는 역사적, 고고학적 고증을 통해 '회곽묘'라는, 조선 시대만의 독특한 무덤 구조 때문에 생겼을 거라는 사실은 어느 정도 알려져 있다. 그리고 이 정도 사실은 미라를 연구하는 사람이라면 누구나 알고 있다. 하지만 회곽묘 속에서 어떤 과학적 원리로 미라가 생기는지를 명확하게 설명해 주는 전문가는 찾기 어려웠다. 순수 기초과학자들이 미라를 연구할 리 없었고, 미라에 관심이 있는 고고학자들이 전문적인 화학적 식견을 갖고 있기를 기대하는 것도 무리였다.

미라는 왜 회곽묘 속에서만 만들어지는 걸까. 도대체 회곽묘가 무엇이기에 미라가 썩지 않았다는 걸까. 이런 회곽묘는 언제, 왜, 한국에 들어왔을까. 처음부터 차근차근 조사해 보기로 했다. 이런 궁금증을 풀기 위한 실마리는 역시 무덤뿐이라고 생각했다. 한국 미라는 무덤 속에서만 발견되기 때문이다.

회곽묘 있는 곳에
미라도 있다

        쿵. 쿵. 포클레인^{굴삭기}으로 몇 번을 내려쳤다. 워낙 단단하게 굳어 있어서 열릴 기미가 보이질 않는다.

"아저씨, 제발 조심해서 작업해 주세요. 이 안에 어떤 문화재가 들었을지 모른단 말입니다."

주위엔 수십 명의 전문가가 마른 침을 삼키며 이 돌덩어리가 열리기만 기다리고 있었다. 그들은 중장비 기사에게 '제발 조심해서 작업해 달라'는 주문을 여러 번 반복했다.

조선 시대 무덤, 특히 관 주변을 둘러싼 횟가루가 돌처럼 단단하게 굳어져 있는 묘를 사람들은 '회곽묘'라고 부른다. 이런 회곽묘 하나가 온전한 모습으로 발견되면 일순간에 수십 명이 달려든다. 복식, 고고학, 의학 등 다양한 분야 전문가들이 너 나 없이 관심을 쏟기 때문이다.

이날 발견된 회곽묘는 외견만 살펴보면 보기 드물게 보존 상태가 좋았다. 목관 주변을 나무로 감싼 나무틀 전체가 딱딱하게 굳은 회 덩어리로 단단하게 잘 밀봉돼 있었다. 얼핏 보기에는 커다란 돌덩어리처럼 보였다. 관 주위를 둘러싼 회곽이 워낙 단단히 굳어져 있어서 회 덩어리를 두들겨 깨려고 보니, 사람 손으로 작업하기란 쉽지 않았다. 결국 중장비를 동원해 수차례 이상 찍어 내리고서야 간신히 금이 가기 시작했다. 수십 번을 두들겼을까. 곧이어 '쩍' 하는 소리와 함께 돌처럼 굳어졌던 석회가 갈라졌다.

"열렸다."

시신을 담는 2중 나무 관의 바깥쪽 틀, 목곽木槨의 뚜껑이 석회 덩어리와 함께 떨어져 나가자 누군가의 외침이 들렸다. '덜커덩' 소리를 내며 흙먼지가 피어오르자 주변에 대기하던 사람들은 너 나 할 것 없이 무덤 주위로 몰려들었다.

그들 틈에 끼어 고개를 비집고 안쪽을 들여다봤다. 검게 퇴색되긴 했지만 썩은 곳 없는 온전한 나무 관이 보였다. 코끝으로 솔 향이 물씬 풍겨 올라왔다. 수백 년 이상 막아 두었던 석회 덩어리가 열리자 갇혀 있던 소나무 관 안의 분자들이 퍼져 나왔기 때문이다. 나무로 만든 틀, 그 안에 수백 년을 자리 잡고 있었을 칙칙한 색의 위쪽엔 '의인여흥이씨지구宜人驪興李氏之柩'라는 문구가 또렷이 보였다. 발굴에 참여한 고고학자들에게 묻자 '의인'이라는 호칭은 고위 관직 부인들에게 주어지는 정육품 품계를 일컫는다고 했다. 결국 이 미라는 남편이 정육품 관직에 있었을 때 사망한 여성으로, 사망 당시 자신도 정육품 품계를 받은 사대부집 부인이었다는 사실을 의미했다.

현장에서 즉시 관을 열어 부장품을 수습하자는 의견이 있었다. 실제로 많은 무덤 발굴 현장에서 이런 식으로 작업한다. 하루 만에 일을 끝낼 수 있기 때문이다. 그러나 발굴에 참여한 의료진이 펄쩍 뛰었다. 현장에서 관 뚜껑을 열어선 절대 안 된다고 주장했다. 5월의 따사로운 햇빛이나 거친 야외 환경이 관 속에 든 미라에게 결코 좋지는 않을 거라는 뜻이었다. 이런 주장은 신뢰성이 있었다. 사실 시신은 물론 의복이나 부장품 등 문화

미라 발굴 과정

①	②
③	④
⑤	⑥

① ② 2010년 5월. 경기도 오산의 한 건설현장 모습. 공사에 앞서 터를 닦던 도중 무덤 터가 별견됐다.

③ 무덤 주위의 횟가루 덩어리를 떼어내고 있는 모습.

④ 회곽을 떼어 내면 관을 감싸고 있는 나무 틀, 즉 목곽을 볼 수 있다.

⑤ 목곽을 한 번 더 떼어내면 진짜 관이 드러난다.

⑥ 발굴단원들이 관을 들어 올리기 위해 로프를 연결하고 있다. 무게가 상당하기 때문에 굴삭기 등 중장비를 동원해야 하기 때문이다.

⑦ 포클레인(굴삭기)으로 관을 옮기고 있는 모습.

⑧ 굴삭기에서 꺼낸 관 외부에 붙어 있는 글자 등을 수습하고 있다. 이런 자료는 죽은 사람의 관직, 성씨 등을 기록하기 때문에 미라의 신원 파악 등에 많은 도움이 된다.

⑨ 오래된 관은 거의 하나의 나무처럼 일체화되어 있어 쉽게 열리지 않는다. 도끼를 동원해 나무 관 뚜껑을 억지로 열고 있다.

⑩ ⑪ 관 내부가 온전한 것을 확인한 발굴단은 관을 그대로 병원으로 옮겨왔다. 다음 날 본격적인 해포 작업을 벌이기 위해서다.

⑫ 병원 유리관 속에 보관돼 있던 또 다른 미라의 모습. 대부분의 미라는 이런 발굴 과정을 거쳐 세상에 모습을 드러낸다.

재를 꺼낼 때도 깨끗한 환경에서 작업하는 편이 한층 유리하다. 발굴단은 결국 하루 더 시간을 갖기로 했다.

이들은 다시 중장비 기사에게 부탁해 나무 관에 줄을 꽁꽁 묶어 달았다. 나무 관을 목곽 바깥으로 끌어 올린 다음, 이렇게 꺼낸 관을 포클레인에 매달아 그대로 트럭까지 실어 날랐다. 이들은 이렇게 다시 서울 고려대학교 구로병원으로 옮겼다.

오후부터 시작된 작업은 구로병원 앞에 관을 옮겨 두자 한밤중에 끝났다. 이들은 다음 날 병원 부검실에서 본격적인 수습 작업을 벌이기로 하고 각자 잠자리를 찾아 흩어졌다. 그렇게 밤이 지났다. 그리고, 발굴단원들은 다음 날 아침 일과 시간이 되기가 무섭게 고려대학교 병원으로 모여들었다. 관에서 미라를 꺼내는 '해포 작업'을 벌이기 위해서다. 이렇게 세상에 소개된 것이 오산 미라였다. 회곽묘가 500여 년의 동안 이 미라를 살아생전 모습 그대로 품고 있었기 때문에 가능한 기적이었다.

한국 미라
어떻게 만들어지나

       한국 미라가 발견되는 첫 번째 조건은 '회곽灰槨'으로 둘러싸인 무덤, 즉 '회곽묘灰槨墓'다. 회곽이란 나무 관 주위에 돌처럼 단단하게 굳은 회반죽 덩어리를 뜻한다. 온전한 회곽묘가 발견됐다면 그 안에는 십중팔구 미라가 들어 있다. 이러니 미라 연구자들은 누구나 회곽묘에 큰 관심을 가진다. 미라를 전문으로 연구하는 의학, 복식, 고고학 전문가들이 시골 마을을 찾아다니며 '회곽묘가 발견되면 연락 좀 해 달라'고 명함을 뿌리는, 영업 행위(?)를 한다는 웃지 못할 이야기도 있다.

       회곽묘는 한국 미라의 근본이다. 지금까지 우리나라는 회곽묘 이외의 곳에서 미라가 발견된 적이 없다. 사계절 기온차가 심하고, 여름에는 섭씨 30도를 넘나드는 데다 장마철까지 있는 곳이 한반도다. 땅속에 묻어 둔 시신이 썩지 않기를 기대한다는 건 사실 불가능한 일이다. 결국 한국 미라는 회곽묘라는 묘제 문화에서 나온 산물로 볼 수 있다는 것이다.

       회곽묘의 재료는 글자 그대로 생석회. 하지만 100% 횟가루만을 쓰지는 않았다. 생석회와 모래, 황토를 2 대 1 대 1의 비율로 섞어 만든다. 3가지 재료가 들어갔다고 해서 흔히 삼물三物이라고 부른다. 회곽묘를 만드는 방법은 이렇다. 먼저 땅을 파고, 바닥에 숯을 깔아 준다. 나무 관 속에 염을 한 시신을 넣고, 빈틈을 평상시 입던 옷가지 등으로 꼭꼭 메워 둔다. 이 나무 관을 다시 나무로 만든 '목곽' 속에 넣고, 목곽을 땅속에 넣는다. 그다음 목곽 주변에 삼물을 부어 굳히면 된다. 이런 삼물이 돌처럼 굳어지면 공기가 완벽하게 차단돼 미라가 만들어진다. 통조림이 썩지 않는 것과 같은 원리다.

흔히 한국 미라가 만들어지는 이유를 물으면 전문가들도 대부분 '삼물이 돌덩어리처럼 단단히 굳어져 공기를 차단했기 때문'이라고만 답한다. 대부분의 사람들도 여기에 의심을 갖지 않고 그대로 받아들인다. 물론 이 말은 사실이다. 그런데 정말로 이 조건 하나로 미라가 만들어질 수 있을까?

나는 여기에 적잖은 의구심을 가졌다. '공기가 통하지 않는다'는 말은 썩지 않기 위한 필요조건이지 충분조건은 아니다. 밀봉을 하면 공기가 차단되므로 세균 활동을 막을 수는 있다. 하지만 이건 어디까지나 산소를 좋아하는 '호기성세균'에 대한 이야기다. 호기성세균은 공기가 차단되면 밀폐된 공간 안에 있는 산소를 모두 소비한 뒤 활동을 멈춘다. 하지만 산소가 없어도 활동하는 '혐기성세균'은 다르다. 산소가 없는 곳에서 오히려 잘 살아간다. 이 때문에 통조림을 만들 때도 반드시 식품과 캔을 깨끗이 소독하고 나서 밀봉한다. 밀봉이 잘됐다는 한 가지 조건만으로 미라가 완전히 썩지 않고 제 모습 그대로 보관됐다고 보긴 어렵다는 의미다.

어쭙잖은 상식으로 생각할 수 있는 답은 한 가지였다. 조선 시대 사람들이 의도했든 아니든, 시신을 관 속에 넣고 나서 무언가로 '살균' 과정을 거쳤어야 했다. 그건 도대체 무엇이었을까.

삼물(三物)이
가져온 기적

　　　　　　　　　　　　이 질문에 설득력 있는 가설을 먼저
제시한 것은 고려대학교 의과대 병리학교실 김한겸 교수, 고려대학교 의과
대 법의학교실 황적준 공동연구팀이었다. 김 교수팀은 2002년 발견된 '파
평 윤씨 모자 미라'를 연구하고 〈파평 윤씨 모자 미라의 부검 및 조직 검
사〉라는 논문[2003]을 발표했는데, 여기에 따르면 '세균이 계속 시신과 의복
의 단백질을 분해하면서 많은 유기산을 만들고, 관 내부가 산성으로 바뀌
면서 결국 혐기성세균도 살아남지 못했을 것'이라고 추정했다. 연구진이 실
제로 이 미라의 심장 조직을 전자현미경으로 검사한 결과, 다수의 혐기성
세균 흔적을 발견했다. 2002년부터 8년간, 국내 미라 전문가들이 '한국 미
라가 썩지 않는 이유'에 대해 내놓을 수 있는 답은 사실상 이것뿐이었다.
　하지만 김한겸 교수는 결국 자신이 제시했던 이 가설을 스스로 부정했
다. 김 교수팀은 오산 미라를 해포하며 미라가 관 속에서 어떤 상태로 보
관됐는지를 살펴보기 위해 세균 검사, 산성도 측정을 수시로 진행했다. 수
십 겹의 부장품을 벗겨내면서 여러 차례 흔히 '리트머스시험지'라고 부르
는 산성도 측정 시험지를 찍어 보며 산성도를 파악하고, 미라의 손톱, 머리
카락, 의복 곳곳에서 곰팡이 등을 채취했다.

그런데 오산 미라는 산성이 아니라 염기성 상태로 보관되고 있었다. 처음에는 중성에 가까운 약산성이던 것이 해포 과정을 진행할수록, 즉 미라의 피부와 가까워질수록 점점 염기성으로 바뀌어 갔다. 부패가 진행되다가 관 내부가 산성으로 바뀌었고, 그것이 혐기성세균을 죽여 산성 상태로 보관됐다는 기존 가설과는 정반대의 결과였다.

궁금증을 느낀 김 교수팀은 여기서 그치지 않고 오산 미라 해포 과정 중 관 속에서 나온 표본을 모아서 제각각 세균 배양 검사를 진행했다. 실험 결과는 놀라웠다. 관 속에서 6종의 세균을 극미량 발견했는데 이들은 대부분 공기나 흙 속에서 찾을 수 있는 잡균이었다. 공기 중에 있던 미생물이 유입된 것으로 보는 것이 더 타당했다.

결국 이 문제는 다시 미궁으로 빠졌다. 나 역시 혼란을 겪었다. 하지만 '학술적인 미라 연구'에 관한 한 국내 1인자로 불리는 신동훈 서울대학교 의과대 해부학교실 교수^{법의학연구소 고병리연구실}팀이 이 문제에 해답을 던졌다. 연구팀은 2010년 8월부터 5개월에 걸쳐 국립문화재연구소의 지원을 받아 회곽묘에서 미라가 만들어지는 원인을 연구했다. 나는 연구 결과에 대해 단독 취재를 진행하고 《동아일보》^{2011년 5월 27일자}와 《과학동아》^{2011년 6월호}에 일부 내용을 소개한 바 있다.

신동훈 교수 연구팀은 삼물^{횟가루, 고운모래, 황토}을 물과 섞으면 화학적인 변화를 거치며 딱딱하게 굳어 가고, 이 과정에서 높은 열을 낸다는 사실에 주목했다.

횟가루가 물과 만나면 열을 낸다는 것은 과학 상식이 있는 사람이라면 누구나 안다. 그러나 이 열이 미라의 보존에 영향을 미쳤을 거라고 생각하는 사람은 사실 거의 없었다. 신 교수가 처음으로 이 성질이 회곽묘 속에 들어 있는 세균을 죽이는 데 쓰였다는 가설을 세우고, 이를 증명해 낸 것이다. 한국 미라는 결국 횟가루에 의한 '열소독'을 거쳐 보존됐다.

그 횟가루가 얼마나 뜨거워지기에 두꺼운 소나무 관 속에 있는 세균을 모두 죽일 수 있었다는 걸까. 믿기 어렵겠지만 펄펄 끓는 물$^{100℃}$보다 훨씬 높은 열을 전달하는 걸로 나타났다. 신 교수팀은 이를 증명하기 위해 소형 관을 만들었다. 18밀리미터 두께의 목제 합판으로 가로 198밀리미터, 세로 106밀리미터 넓이로 만들어 실험했다. 대충 만든 수치가 아니라, 실제 회곽묘를 참고해 정밀하게 축소한 모형이었다. 내부에는 실험용 흰쥐를 이산화탄소로 안락사하여 넣었다. 그리고 목관 주변에 나무틀을 만든 다음, 사방에 36밀리미터 두께로 삼물을 섞어 부었다. 열 번에 걸쳐 실험한 결과, 관 주위에 설치한 삼물의 온도는 최고 200℃까지 올라갔다.

연구 결과 횟가루가 내는 열은 물론 관 내부까지 전달됐는데, 관 중심에 꽂아 둔 온도계는 최고 149℃ 올라갔다. 내부 온도가 100℃ 이상 유지된 최장 시간은 210분이 넘었다. 이 속에서 세균이 살아남기란 불가능하다. 목재의 재질, 관의 크기 등에 차이가 있겠지만 '한국 미라는 삼물의 화학반응으로 내부에서 한 차례 열소독 과정을 겪었다'는 충분한 근거가 될 수 있다. 이 실험 후 실제로 모형 회곽묘 속에 있던 흰쥐는 사후 11주가 지나도 조금도 썩지 않았다. 간이나 뇌 조직은 물론 신경세포 등도 거의 그대로 보존됐다.

이런 국내 학자들의 연구 결과로 한국 미라의 발생 원인은 비교적 명확하게 판명됐다. 한국 미라가 생긴 과학적인 원인은 결국 삼물, 그중에서도 특히 석회에 의한 열소독과 공기 차단, 그 이중 작용 덕분이라고 사실상 단정 지을 수 있게 된 것이다.

① 나무판으로 무덤 모양을 만든다.
② MDF 합판으로 만든 실험용 목관에 온도계를 꼽고 주변을 완전히 밀봉한다.
③ 회곽을 만들 틀 가운데에 관을 놓는다.
④ 관 주변을 삼물로 가득 채운다.
⑤ 흙을 덮고 삼물이 반응하는 온도를 확인한다.
⑥ 왼쪽은 죽자마자, 오른쪽은 회곽묘 안에서 11주가 지난 모습이다.

조선 시대 미라 보존,
장례 시기가 큰 변수

그렇다면 회곽묘에서 나온 미라는 모두 100% 온전하게 보관됐다고 볼 수 있을까. 그렇지는 않다. 어떤 미라는 한쪽 발이 썩어 있는 등 절반만 손상돼 있고, 어떤 회곽묘에서는 시신조차 찾아보기 어렵다.

이 궁금증을 풀어보기 전에 조선 시대 시신이 미라로 만들어지는 데 생기는 큰 변수를 고려해야 했다. 바로 장묘 시기와 장묘 방식이다. 시신이 회곽묘에 들어가기 전에 얼마나 잘 보존됐는지, 얼마나 오랫동안 회곽 속에 들어가지 못하고 실온에 방치됐는지를 따져볼 필요가 있다.

회곽묘는 튼튼하더라도, 그 이전까지 미라의 보존 상태가 천차만별이라는 것이다. 방금 사망한 고인을 그 즉시 제대로 만든 회곽묘에 매장했다면 백이면 백, 온전한 미라가 만들어질 것이다. 회곽을 무덤 전체에 두르지 않거나 지진 같은 다른 원인으로 회곽이 손상을 입는 등 회곽 자체가 불완전한 경우는 미라가 만들어지기 어렵겠지만, 완전히 격식을 갖춰 만든 회곽묘라면 예외 없이 미라가 만들어진다고 봐야 한다. 하지만 실제로는 제대로 된 회곽묘가 나와도 백골만 들어 있거나 부패가 반쯤 진행된 미라인 경우가 있다. 다리 한쪽이 썩어 있거나 전신에 일부 부패가 진행돼 관 뚜껑을 열어 공기를 만나자마자 악취를 풍기는 경우도 있다. 실험 결과에 따르면 회곽묘는 완전한 소독과 보존 작용을 하는 것으로 밝혀졌다. 그렇다면 거의 모든 미라의 출토 상태가 대부분 완벽해야 하는데 왜 이렇게 큰 차이가 벌어지는 걸까.

이런 까닭은 조선 시대의 장묘 절차에서 찾을 수 있다. 우리나라 장묘 절차는 지역마다, 가문마다 제각각이다. 사람이 죽으면 3일장이나 5일장 또는 7일장을 거친다. 더구나 회곽묘로 무덤을 만들 수 있는 지체 높은 집안일수록 장묘 기간을 길게 잡는 특성이 있다. 조선 전기에 우리나라 왕조는 모든 관료에게 삼년상을 권장했다는 기록도 남아 있다. 이러니 장묘 기간이 짧을 경우는 3개월, 길면 3년을 지내는 경우가 많았다는 뜻이다. 경우에 따라서는 일단 나무 관을 '초분'이라는 곳에 옮겨 시신을 안장했다가, 다시 매장하는 경우도 있었다. 초분은 시신을 나무 관에 담은 다음, 바로 땅에 매장하지 않고 돌축대나 평상 위에 놓고 이엉_{초가집의 지붕이나 담을 이기 위하여 짚이나 새 따위로 엮은 물건} 등으로 덮어 둔 임시 매장 형태다. 이 말은 시신을 회곽묘에 안장했다고 해서 모두 미라가 됐을 거라고 보기 어렵다는 뜻이다.

이 때문에 온전한 회곽묘에서 발견된 미라의 부패는, 사실상 시신을 관속에 넣기 이전에 이뤄진 것으로 보는 것도 설득력이 있다. 그렇기 때문에 보통 덥고 습한 여름이 아닌, 겨울에 사망한 고인이 미라로 변하는 경우가 많다. 물론 여름철에 사망한 경우에도 미라로 발견된다. 하지만 상당수의 미라가 절반쯤 썩은 반半미라 상태로 발굴된다.

사람을 죽은 그대로 실온에 방치하면 어떻게 될까. 죽은 지 하루 만에 색깔이 변하고 구더기가 생기기 시작한다. 2, 3일이 지나면 썩기 시작해 물집이 생기고, 8일이 지나면 구더기가 번데기로 바뀐다. 더구나 여름철 주변 온도가 20~30℃로 높다면 시신은 12~18시간 만에 급격하게 부패하기도 한다. 초창기엔 피부가 윤기를 잃고, 녹색 빛이 돌다가 점점 검어지고, 벌레들도 달려든다. 여름철, 온도와 습기가 많은 환경에서 아무런 조치를 하지 않으면 보통 사람의 시체는 2주에서 4주 사이에 완전히 뼈만 남는다.

시신이 부패하는 1차 원인은 사람의 몸속에 있던 효소 작용 때문인데, 효소는 사람이 살아 있을 때 세포 속에서 해로운 균을 죽인다. 하지만 죽고 나면 세포에서 떨어져 나와 온몸의 근육을 공격한다.

이 과정에서 지독한 악취가 생기고, 이런 악취는 다시 주변의 벌레들을 불러 모은다. 효소는 직접적으로 시신을 썩게 하진 않지만 미생물이 시신을 썩게 만들 때 촉매작용을 하며 돕기 때문이다. 한국 같은 자연환경에서 시신이 썩지 않고 자연히 보관되기란 결코 쉽지 않다. 여담이지만 이집트 등에서 인공미라를 만들 때 먼저 효소가 많이 포함돼 있는 내장기관부터 제거했던 까닭도 과학적으로 보면 여기서 원인을 찾을 수 있다. 사람들은 먼 옛날부터 동물을 사냥한 다음 내장을 먼저 제거해야 썩지 않고 오래 보관할 수 있다는 사실을 경험적으로 알고 있었기 때문이다.

상황이 이러니 발굴되는 미라들의 보존 상태도 천차만별이다. 그러니 한겨울에 고인이 된 시신을 3~7일장 정도만 장례를 치루고 빨리 매장했을 때 가장 보존 상태가 좋았을 것으로 보인다.

한국 미라 생성에
빼놓을 수 없는 조건 '얼음'

미라 형성에 실제 큰 영향을 미치지는 않았을 것으로 보이지만 그래도 빼놓을 수 없는 역할을 한 것이 한 가지 있다. 바로 '얼음'이다.

앞서 여러 차례 설명했듯 한국 미라는 계절의 영향을 많이 받는다. 하지만 특이하게도 여름철에 사망했다고 족보 등에 기록돼 있는 경우에도 미라가 된 시신이 자주 발견된다. 이 까닭에 대해 뚜렷한 설명을 찾지 못하고 막연히 '어떤 사정으로 시신을 일찍 회곽묘에 매장했을 것이다'라는 추측 정도로 위안을 삼아 왔다. 왕의 시신은 얼음을 써서 각별히 보존한다는 사실은 알고 있었지만, 일반 사대부의 시신 보관에까지 얼음을 사용했을 거라는 생각은 차마 하지 못했던 것이다.

이 궁금증은 공교롭게도 대학원 수업을 듣는 도중에 풀렸다.* 수업 과목 중, 과학기술의 역사를 배우는 '과학사科學史' 수업의 일환인 '현대 과학기술과 문명' 과목 수업을 신청해 들었는데, 이 당시 신동원 KAIST 한국과학문명사연구소 소장의 특강을 들을 기회가 있었다. 신동원 소장은 국내

• 나는 2014년 현재 한국과학기술원KAIST 대학원 과학저널리즘 석사 과정을 밟고 있다.

에서도 손에 꼽히는 과학사 전문가 중 한 사람이다. 우연찮게 그의 수업을 들던 중 '조선 시대 정부는 귀족층에서 빙고氷庫의 얼음을 꺼내 수시로 지급했다'는 설명을 들은 나는 귀가 번쩍 뜨이는 느낌이 들어 수업을 마치고 즉시 질문을 해보았다.

"장례를 치를 때 시신의 보관을 위해서도 얼음을 지급했느냐"는 질문에 신 소장은 "당연히 그렇다"고 답해 주었다. 이 답변에 오랜 궁금증이 풀리는 듯했다. 신 소장은 "미라를 취재하고 책을 쓴다고 하니 하는 말인데, 시신이 부패하지 않고 관까지 들어갔을 가능성은 충분할 것이다. 당시 사대부를 포함한 귀족 계층이 상을 당하면 장례를 치르는 과정에서 시신을 보존하도록 얼음을 특별히 더 많이 공급했다'고 덧붙여 설명했다.

즉, 현대와 같은 냉동 시설은 없었지만 충분히 여름철에도 시신을 장례 기간 동안 온전히 보존했을 것이라는 추측이 가능하다는 것이다. 물론 아무리 얼음을 지급받았다고는 해도 추운 겨울철 사망한 경우에 비할 바는 못 된다. 수개월간 장례를 치르는 동안 충분히 시신이 썩지 않도록 많은 얼음을 공급받기란 사실상 불가능했을 것으로 추정되며, 사실상 장례 도중에 시신이 썩어 냄새가 나는 등의 상황을 막고자 했을 것이다. 하지만 이런 빙고의 얼음이 어느 정도 온전한 시신의 보관에 기여했던 것은 확실하다.

나는 그날 즉시 집으로 돌아와 《조선왕조실록》을 샅샅이 검색해 봤다. 이 결과 조선 시대 때 빙고에 대한 기록은 146건이 넘었다. 장빙藏氷; 얼음을 떼어 내어서 빙고(氷庫)에 갈무리하는 것 등의 표현으로 우회적으로 기록되어 있는 것을 합하면 수백 건은 족히 넘을 터였다.

실제로 우리 조상들이 겨울에 빙고에 얼음을 저장하고, 여름에도 이를 꺼내 일상적으로 사용했다는 기록은 자주 볼 수 있다. 빙고는 나무로 만든 일반 빙고와, 돌로 만들어 장기간 튼튼하게 사용했던 석빙고石氷庫로 나뉜다. 《조선왕조실록》을 살펴보면 조선 후기 영조가 당시 영의정이던 '홍봉한'과 정사를 논의하던 중 "빙고氷庫에 들어가는 재목材木은 허비되는 것이 매우 많은데, 만약 '석빙고石氷庫'를 만든다면 오랫동안 비용을 줄이는 계책이 될 것입니다. 청컨대 내빙고內氷庫부터 시작하게 하소서' 하니, 허락하였다"는 기록이 남아 있다.

이 자료를 추가로 찾아보니 이 때문인지 우리나라에 남아 있는 석빙고는 대부분 영조 때 만든 것이라는 내용도 살펴볼 수 있었다. 석빙고에는 대부분 그 옆에 축조연기築造緣記를 새긴 석비石碑가 건립되어 있어 건축 시기 및 관계자를 알 수 있는데, 이를 살펴보면 대개가 18세기 초 영조 때 축조됐다고 적혀 있다. 그 이외에 나무로 만든 일반 빙고는 오랜 세월이 지

나며 대부분 사라졌다는 설명도 찾아볼 수 있었다.

기록을 더 찾아보니 빙고는 우리나라 역사 거의 전반에 등장한다. 겨울에 얼음을 채취해 잘 보관해 두었다가 여름에 장례를 지낼 때 사용하는 시도는 결코 조선 시대 때에 국한되지 않는다는 뜻이다. 이런 기록은 고려 시대 이전, 삼국 시대 때로 거슬러 올라간다. 《삼국지三國志》^{나관중의 중국 역사 소설 '삼국지연의'가 아닌, 진수의 '삼국지 위지 동이전'} 〈부여〉 편에도 '여름에 사람이 죽으면 모두 얼음을 넣어 장사 지낸다其死, 夏月皆用氷'는 기록이 남아 있다. 물론 이렇게 얼음을 이용해 시신의 부패를 막은 것은 전체 백성이 아닌 왕과 귀족들에 한정되었을 것이다. 냉동고가 없는 시절 한정된 얼음 자원을 일반인이 썼을 거라 보기는 어렵다. 조선 시대 역시 마찬가지다. 다만 고려 시대 이전에는 회곽묘가 없었던 까닭에 미라가 만들어지지 않았을 뿐, 장례를 지내기 전에 빙고의 얼음을 이용해 최대한 시신이 썩지 않도록 노력해 왔었다는 사실을 알 수 있다.

빙고에 대한 기록은 《삼국유사三國遺事》에서도 찾을 수 있는데, 서기 1세기 신라 3대 노례왕^{유리왕, 24~57년}때 이미 석빙고를 지었다는 기록이 있다. 《삼국사기三國史記》의 〈신라본기〉에는 서기 505년 지증왕 6년 겨울에 해당 관서에 명하여 얼음을 저장토록 했다는 기록이 남아 있다. 신라는 얼음 창고를 관리하는 '빙고전氷庫典'이란 관청도 운영했다. 아쉽게도 당시에 축조된 빙고는 현재 남아 있는 것이 없다. 고려 시대 때의 흔적 역시 발견, 조사된 바 없다.

조선 시대에는 건국 초기부터 장빙제도藏氷制度가 있어 말기인 고종 때까지 계속되었으며, 빙고氷庫라는 직제를 두어 5품관五品官인 제조提調 이하의 많은 관원을 두고 관리하였다. 현존하는 유구를 중심으로 볼 때 빙고는 대개 성 밖의, 강가에서 그리 멀지 않은 곳에 위치하고 있었다.

그리고 조선 시대에는 국가가 관리하는 공영 빙고는 물론, 일반인이 운영하는 사빙고私氷庫역시 운영됐다. 삼국, 특히 통일신라의 문화가 고려로, 고려의 문화가 대부분 조선 시대로 이어졌다는 것을 감안하면 왕가의 시신, 그리고 일부 귀족층의 장례 당시에 시신에 얼음을 사용해 보관해 온 것은 조선 시대 이전부터 있었던, 매우 자연스러운 우리나라의 고유문화로 해석된다.

이런 복잡하고 어려운 과정을 생각해 보면 한국엔 '미라'가 몇 구 없을 것 같다. 사실 이름이 알려진 미라는 손에 꼽을 정도다. 국내 양대 미라 연구팀인 김한겸 교수와 신동훈 교수팀이 조사한 미라의 수를 모두 합해도 20구 정도. 이 중 언론에 공개된 미라는 10여 구뿐이다. 물론 미라가 되지 못한 유골이나 부패한 시신도 종종 연구 재료가 되지만, 온전한 한국 미라는 그리 많지 않다. 하지만 지금도 땅속 깊은 곳에서 과학자들의 손길을 기다리는 미라는 많다. 조선왕조는 500년이나 계속됐다. 사대부 집안에서만 회곽묘를 만들었다지만, 그 수는 결코 무시할 수 없다. 아마도 전국적으로는 헤아릴 수 없을 만큼 많은 미라가 묻혀 있을 것이다.

그런데 왜 미라를 보기가 어려운 걸까. 미라가 발견되어도 연구에 활용되지 못하고 다시 매장하거나 화장하는 경우가 많기 때문이다. 이미 수백 년 전 죽은 인물의 육신을 '조상'이라고 생각하며 받들어 모시려는 유교 문화 때문이다. 후손들, 특히 60대 이후 노년층은 조상의 육신에 민감하게 반응한다. 가문의 선산을 이장하는 과정에서 미라가 발굴됐다면, 처음에는 어찌할 바를 몰라 하다가 '미라가 과학적으로 가치가 있다'는 설득을 들고 연구팀에 흔쾌히 기증하는 경우도 간혹 있다. 하지만 대부분의 사람들은 "어찌 조상의 시신을 차디찬 냉동고에 눕혀 둘 수가 있느냐"거나 "어떻게 우리 조상님을 칼로 난도질하려 든단 말이냐" 하면서 화를 낸다. 당연히 이런 경우엔 미라를 연구용으로 기증받기가 매우 까다롭다. 한번 기증한, 그래서 연구를 진행하던 미라를 어느 날 갑자기 당장 돌려 달라고 떼를 쓰는 경우도 적지 않다.

신동훈 교수는 "해마다 명절이면 연구 중인 미라의 안부를 묻는 전화를 심심찮게 받을 만큼 국내 후손들은 조상의 육신에 민감하게 반응한다"고 했다. 실제로 2011년 5월 4일 대전 쓰레기 매립장 조성 공사 현장에서 미라 4구가 거의 원형에 가깝게 발견됐지만, 후손들이 그날 즉시 화장했다. 다만 복식과 부장품만 권영숙 부산대학교 교수팀이 수거해 복원하고 있다. 2003년 충남 태안군에선 300여 년 전 미라가 발견됐다. 피부색까지 살구색 그대로 보존된 미라였지만, 이 역시 후손들이 바로 화상을 했다. 2006년 전남 장성군에서 발견된 미라도 마찬가지다. 류용환 대전선사박물관 관장은 "매년 수십 차례 미라가 발견되지만 연구용으로 기증되는 경우는 1년에 서너 구가 채 안 될 것"이라고 설명했다.

대전 계룡산자연사박물관에 전시돼 있는 '학봉 장군 미라'의 종친회가 나타났을 때만 해도 그랬다. 그들은 박물관에 전시돼 있는 미라를 보고 끌끌 혀를 찼다. 훌륭한 조상의 미라를 알리는 것은 가문의 명예에 득이 되는 일이니 계속 전시를 하자는 의견도 있었지만, 격양된 목소리로 '그래도 어찌 조상을 저렇게 벌거벗겨 유리관 안에 놔두느냐'며 당장 시신을 돌려받아야 한다고 주장하는 사람도 있었다. 이런 경우엔 어떤 논리적 설명이 필요 없었다. 후손들의 사고방식에 맞추어 설득하는 것이 최선이었다.

그래서 연구진들은 무덤 앞에 논문을 기증하고, 종친회를 찾아 "조상님을 모셔 둔 유리관은 수천만 원을 호가하는 고가품으로, 내부는 온습도가 조절되는 특별한 관이다. 이런 곳에 조상을 모셔 두는 것은 다시없을 정도의 특별 대우"라고 설득했다. 신동훈 교수팀은 아예 미라를 '한 구, 두 구'라고 세지 않고 '분'이라고 칭한다. 말을 할 때도 '미라 되신 분이 어제 검사를 받으셨다'고 표현한다. 자칫 말 한마디라도 잘못했다간 후손들과 서로 얼굴을 붉힐 일이 적지 않기 때문이다.

전문가들은 가문의 선산 등에서 미라가 발견되면, 적어도 2, 3년 미라 연구자들에게 과학적인 분석을 진행할 수 있도록 시신을 맡겨 주는 문화가 정착됐으면 좋겠다고 입을 모은다.

여기에 전남 나주에서 발견돼 화제가 됐던 '나주 미라'가 좋은 선례를 남겼다. 일정 기간 연구용으로 활용했지만, 충분한 조사를 마친 후 후손들에게 돌려주어 재차 화장했다. 가문에서는 조상의 장례를 다시 치렀지만 과학 발전에 이바지할 수 있었다. 김한겸 교수는 "나주 미라는 2009년 기증된 미라를 살펴보며 세포조직, MD-CT와 엑스선으로 조사한 정보 등을 종합해서 분석하고 있다"며 "1년 이상 연구하며 많은 정보를 얻을 수 있었다"고 말했다. 연구팀은 이 미라에 대한 연구 결과를 정리해 발표할 계획이다.

미라 연구하니 이런 것도 —당시의 평균 키

- 조선 시대 남자 평균 키 161.1센티미터, 여자는 148.9센티미터

조선 시대 우리나라 사람들의 키는 과연 어느 정도였을까. 우리 선조들은 당시 일본인보다는 키가 컸지만 서양인에 비해서는 작은 것으로 밝혀졌다.

수백 년 전 사람들의 키를 어떻게 알아냈을까? 미라 연구자들이 조선 시대 남녀 평균 키를 밝혀냈기 때문이다. 2012년 1월, 서울대학교 의대 해부학교실 황영일·신동훈 교수팀의 연구 결과다. 이들은 조선 시대 때 사망한 것으로 알려진 미라와 유골을 분석한 결과 당시 남자 평균 키는 161.1센티미터, 여자들은 148.9센티미터라고 발표했다. 이 결과에 따르면 현대 한국인 평균 키(남 174센티미터, 여 160.5센티미터, 2010년 지식경제부 기술표준원 조사)에 비해 조선 시대 남자는 12.9센티미터, 여자는 11.6센티미터 작았다. 해외에서도 유사한 연구가 있었지만 국내에서 우리 조상들의 키를 공식적으로 확인한 것은 이번이 처음이다. 연구팀은 키가 큰 사람들이 상대적으로 넙다리뼈(대퇴골)가 길다는 사실에 착안해 15~19세기 조선 초·중기에 사망한 사람들의 유골과 미라 116점(남자 67명, 여자 49명)의 넙다리뼈를 조사해 실제 키를 유추했다.

물론 이런 연구는 우리나라만 진행한 것은 아니다. 여러 나라가 조

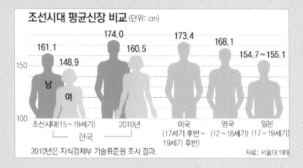

조선시대 평균신장 비교 (단위: cm)

174.0
161.1
148.9
160.5
173.4
168.1
154.7~155.1

남
여

150

100

조선시대(15~19세기)   2010년   미국   영국   일본
└─ 한국 ─┘   (17세기 후반~ (12~18세기) (17~19세기)
2010년은 지식경제부 기술표준원 조사 결과.   19세기 후반)
자료: 서울대 의대

상들의 유골을 분석해 과거 조상들의 키를 분석한 적이 있
는데, 일본은 남성을 기준으로 할 때 17~19세기 평균 키가
154.7~155.1센티미터다. 우리 선조들보다 6센티미터 정도 작
았던 셈이다. 이 연구로 우리나라가 옛날부터 일본인보다 키
가 컸다는 사실이 명확한 증거로 드러났다.

다른 나라는 어떨까? 영국인들의 자체 연구 결과 그들의
12~18세기 키는 168.1센티미터였다고 한다. 네덜란드인의 17
~19세기 키는 166.7센티미터였으며, 독일인의 16~18세기 키
는 169.5센티미터 정도였단다. 이 사실을 미뤄 보면 서구 사
람들은 우리보다 평균 5~8센티미터 키가 컸다. 특히 17~19
세기 미국인의 키는 평균 173.4센티미터라는 연구 결과도 있
다. 그 시절 미국인의 평균 키가 한국인보다 12센티미터 이상
컸다는 의미다.

현재 우리나라 남자들의 평균 키는 174센티미터로, 17~19
세기의 미국인보다는 크다. 현재 미국인 평균 키는 175센티미

터 정도로 우리와 큰 차이가 없다. 이는 우리나라 사람들의 키가 커진 것도 있지만, 미국 내에 아시아 층 이민자의 숫자가 많아졌기 때문이라고 해석되고 있다. 북유럽의 장신 국가 중 하나인 네덜란드는 남자 평균 키가 185센티미터에 달한다.

미라 연구하니 이런 것도—당시의 치아 상태

― 조선 시대 사대부의 치아는 튼튼했다

또 다른 흥미로운 미라 연구 결과도 있다. 조선 시대 미라에서 현대인보다 충치(치아우식증)가 많이 발견되지 않는다. 치약과 칫솔이 보급되지 않았던 시기라 적잖이 충치가 많을 것 같지만 오히려 현대보다 충치 환자는 적은 편이다. 의학자들은 이 원인을 당시 설탕 같은 정제 당류, 혹은 정제 탄수화물 식품이 거의 없었기 때문으로 보고 있다.

관련 연구 결과는 논문으로 찾아볼 수도 있다. 서울대학교 해부학과 한선숙 박사는 자신의 박사 학위 논문 〈조선 시대 서울·경기도 지역 회곽묘 매장자군에서의 치아우식증 유병률과 발생 양상〉(2010)을 통해 조선 시대 서울·경기도 지방에서 발견된 회곽묘 매장자군 126구의 미라 및 유골에서 나온 2,600개의 치아에 대한 광범위한 조사를 진행한 결과를 발표했다. 이 논문에 따르면 우식증(충치)이 있는 미라는 전체의 34.1%로 나타났다. 현대인의 충치 발생률(35%)과 비교해도 오히려 낮은 수치다.

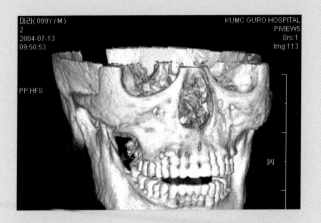

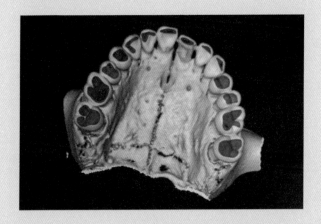

미라 연구하니 이런 것도 — 한글은 언제부터 쓰였을까

- 가슴 애틋한 조선 시대 연애편지 이야기

"당신 언제나 나에게 '둘이 머리 희어지도록 살다가 함께 죽자'고 하셨지요. 그런데 어찌 나를 두고 먼저 가십니까."

현대 영화의 가슴 애틋한 사랑 이야기가 아니라 조선시대 무덤 속에서 발견된, 조선 시대 사대부 부부 사이에 주고받은 언문(한글) 편지의 내용이다. 내용으로 보아 사별한 남편을 그리며 쓴 글귀로 보인다.

이 편지는 1998년 4월 안동에서 출토된 '이응태'란 사람의 무덤에서 약 430년 전 조선 시대 여인이 사별한 남편에게 쓴 한글 편지의 일부이다.

직접적인 미라 연구와는 관계가 적지만, 미라와 함께 종종 발견되는 이 같은 한글 편지는 고고학적으로 큰 의미가 있다. 이응태 무덤에서 발견된 편지 역시 마찬가지인데, 이 편지가 한글로 써 있었기 때문이다. 세종대왕이 창제한 한글을 사대부 여성들이 일상적으로 사용해 왔다는 증거가 됐다.

이런 근거는 또다시 발견됐다. 2011년 대전 유성구 안정 나씨(安定羅氏) 무덤에서 미라 한 구가 발견됐는데, 국가기록원이 이 편지를 2012년 공개하면서 "500년이 넘은 것으로 이 편지도 이응태 부부의 사례처럼 조선 시대 부부의 애틋한 사랑을 담고 있다'고 소개했다. 이 편지는 '가장 오래된 한글 편지'란 타이틀을 얻었다. 이 편지는 16세기 전반의 것으로 이응태 무덤에서 발굴된 편지는 물론, 그 이전까지 가장 오래된 편지로 알려졌던, 충북대박물관에서 소장하고 있는 '순천 김씨 무덤 출토 한글 편지(1586년)'*보다도 오래된 것으로 보고 있다.

편지의 주인은 나신걸(羅臣傑)이란 인물로, 편지의 내용은 관직 때문에 부인을 멀리 두고 떨어져 살아야 했던 '조선 시대 기러기 아빠'의 심정을 담고 있다. '분하고 바늘을 사서 보냈다. 집에 못 다녀가니 이런 민망한 일(부인에게 미안한 일)이 어디 있을까'라는 표현이 보인다. 족보에 따르면 나신걸은 15세기 중반에서 16세기 전반을 살았던 인물이다. 세종대왕이 한글을 창제하고 반포한 것이 1446년 10월 9일, 즉 15세기 중반의 일이다. 즉 불과 수십년 사이에 한글이 우리나라 사대부 사이에서 널리 쓰이게 됐다는 사실을 알려주는 중요한 역사적 증거가 되고 있다.

무덤 속에서 미라와 함께 발견된 이런 사대부는 공식적으로 한문을 공부했지만, 여성들은 언문을 주로 사용했기 때문에 부부간에 편지를 쓸 때는 언문을 주로 사용했을 것으로 보인다.

이 같은 자료는 발신자와 수신자가 분명한, 그리하여 편지의 위계 관계를 파악할 수 있는 편지가 대부분이라는 점에서 16세기 국어의 역사적 연구에 좋은 자료가 된다. 특히 순천 김씨 무덤 출토 한글 편지는 조선 시대 언어사회를 엿보는 가장 좋은 자료로 평가받는다. '아

이고, 어지거' 등과 같은 감탄사, '−쟈, −마, −거라' 등과 같은
종결어미, '혜댜니며(혜디아니며), 보댜니먀(보디아니먀)' 등과 같
은 축약 표현, '놈, 년, 그, 자네' 등과 같은 비칭이나 대명사, '강
안도, 펴양군, 듕청도, 새이젓, 넘니, 난편' 등과 같은 방언적
요소를 포함하는 어휘 역시 보여준다.[**]

미라와 회곽묘 연구는 과학과 고고학, 언어학을 넘나드는
학자들의 종합선물세트 같은 느낌이다.

• 순천 김씨의 묘에서 출토된 편지는 16세기 후반의 한글 자료를 대표하는 자료다.
무덤 속에서 189건에 달하는 한글 편지가 발견됐다. 편지는 수신자와 발신자가 다양
하지만 대체로 순천 김씨의 어머니인 신천 강씨(信川康氏)가 순천 김씨에게 보낸 편
지가 117건, 순천 김씨의 남편인 채무이(蔡無易, ?~1594)가 순천 김씨에게 보낸 편지
가 41건으로 가장 많다. 대부분이 한글 편지이지만 한문과 이두문이 포함되어 있는
것도 있고, 순수 한문 편지도 3건이 있었다.
•• 《방언학 사전》, 방언연구회, 2003년 초판 발행. 태학사.

한국 미라를 취재한 연수가 늘고 가진 정보가 많아질수록, 의구심이 깊어지는 것 또한 있었다. 다름 아닌 무덤의 형태와 미라의 발생 원인이다.

　한국 미라에는 다른 나라에서 찾을 수 없는 몇 가지 특징이 있다. 첫째는 미라가 보존이 매우 잘돼 있는 경우가 많지만 경우에 따라서 보관 상태가 들쭉날쭉하다는 점, 둘째는 흔히 말하는 사대부 집안, 즉 지체 높은 '양반 가문'의 무덤에서 주로 발견된다는 점을 꼽을 수 있다. 사실 무덤에서 중인이나 천민 가문 출신 미라가 발견된 적은 한 번도 없었다. 그리고 또 다른 특징인 한국 미라는 예외 없이 조선 시대에 매장됐다는 점도 빼놓을 수 없다.

　취재 때 만난 전문가들은 이 모든 원인이 한국의 장묘 문화와 관계가 있다고 했다. 한국 미라는 '회곽묘'에서만 만들어지기 때문에, 한국 미라를 이해하는 데 빠져선 안 되는 것이 이 회곽묘라는 것이다. 결국 한국 미라의 생성 원인은 회곽묘와 맥을 같이한다.

석실묘 대용품 찾다가
등장

　　　　　　　　가장 궁금한 점은 왜, 언제, 회곽묘가
이 땅에 등장했느냐는 사실이다. 전통문화와 조상을 중시하는 우리 정서
상 '장묘 문화'가 변하려면 어느 정도 시간이 필요하다. 고려 시대에는 단
한 건도 발견되지 않던 회곽묘가, 조선 시대 초기에 이렇게 갑작스럽게 퍼
져 나간 까닭이 무엇이었을까?

　의구심을 풀려면 먼저 회곽묘라는 장묘 문화가 어디서 어떻게 등장했는
지부터 이해할 필요가 있었다. 여러 사람에게 수소문해 가며 몇몇 고고학
자를 소개받고 또 찾아가서 만나 보았지만 명쾌한 답을 얻지 못했다. 과학
을 아는 사람은 역사에 약했고, 고고학 전문가들은 과학적 원리를 해설하
지 못하는 경우가 많았다.

　전전긍긍하며 여러 전문가에게 닥치는 대로 연락을 해보던 때에 한 고
고학자가 연락을 해왔다. 과거에 취재차 방문한 적이 있는 고고학자였는
데, 자신이 수소문해 보니 '회곽묘'에 정통한 전문가가 한 사람 있다는 것
이다. 그의 설명을 듣고 보니 그간 헛걸음 하고 다닌 것이 조금 억울하기
도 했다. 그 전문가는 조선 시대 묘제 전문가로 꼽히는 김우림 울산시립박
물관장으로, 사실 나와도 일면식이 있었다. 오산 미라 해포 과정에서 만난

적이 있다. 발굴에 참여한 고고학 전문가 중 한 사람이라고만 생각했는데, 국내에서 손꼽히는 회곽묘 전문가라는 것이다.

많은 고고학자들이 회곽묘를 연구 테마로 삼고 있기는 하지만 그분처럼 많은 수의 회곽묘를 직접 조사한 인물은 찾기 어렵다는 게 주변 전문가들의 평가였다. 결국 김 관장을 다시 만나기 위해 서울에서 울산까지 차를 몰았다. 김 관장은 당시 박물관 개관을 코앞에 두고 연일 이어지는 회의와 기획 작업으로 바쁜 일정을 보내고 있었다. 하지만 애써서 시간을 내 울산까지 내려온 나를 무작정 기다리게 할 수는 없었는지 숨 가쁜 일정 속에서도 김 관장은 잠시 시간을 내주었다. 그는 회의 자리에서 잠시 빠져나와 "정말 꼭 30분만 시간을 내주겠다"며 인터뷰에 응했다.

김 관장의 설명에 따르면 회곽묘는 우리나라의 완전한 전통문화로 보기엔 다소 무리가 있었다. 특히 고려 시대 이전에는 회곽묘를 전혀 쓴 적이 없다고 했다.

"회곽묘는 조선 시대 때 '갑자기' 등장한 문화입니다. 우리나라의 왕실, 왕족 등 귀족들은 전통적으로 벽돌을 쌓아 무덤을 만드는 '석실묘'를 사용했거든요. 큰 석실 무덤을 만드는 데 들어가는 인력과 자원의 낭비가 크다고 판단한 조선 왕실에서 태종 6년부터 회灰를 써서 공사 과정을 간소화한 무덤을 만들도록 권장한 겁니다."

예부터 무덤 주위를 석실로 둘러싼 이유 그리고 그 대용품으로 회곽을 쓴 까닭은 시신을 보호하기 위해서다. 우리 조상은 시신이 온전히 썩지 못하고 훼손되는 것을 매우 불길하게 여겼다. 나무뿌리, 설치류, 벌레 등에 해를 입지 않고 온전하게 잘 썩기를 기대했기 때문이다. 꿈자리가 사나워 부모님의 무덤을 파보니 나무뿌리가 시신의 목을 감고 있었다는 식의 미

대전 계룡산자연사박물관에 전시돼 있는 목곽(관을 둘러싼 나무틀, 위쪽)과 발굴 당시 그 주변을 돌덩이처럼 감싸고 있던 회곽의 파편(아래쪽). 한국 미라는 나무관과 목곽으로 만들어진 전형적인 '목곽묘'이지만 겉을 둘러싼 회곽 때문에 석관묘로 오인하는 사람이 많다.

신은 누구나 한 번쯤은 들어 보았을 이야기다. 그러니 조상들은 최대한 관 주변을 보호하려고 했다. 시신을 먼저 관으로 감쌌고, 그것도 모자라 두꺼운 나무로 '목곽木槨'을 만들어 관 주변을 다시 한 번 감쌌다. 이걸로도 모자라, 많은 인부와 건설비를 충당할 수 있는 귀족 계층은 큰 석실을 만들어 관을 안치했다.

하지만 조선 시대로 오면서 이런 문화에 다소 변화가 생겼다는 것이 김 관장의 설명이었다. 김 관장에 따르면 회곽묘는 전승돼서 내려온 문화라기보다 조선 시대에 정책적으로 장려한 새로운 묘제 문화로 보는 게 옳았다. 그것도 사대부 가문만을 위한, 정부에서 권장한 귀족들의 '새로운' 묘제 문화였다.

알고 보면 간단했지만 취재 과정에서 이만큼 정확하게 단정 지어 설명해 주는 사람을 만난 것은 처음이었다. 다시 차를 몰고 서울로 돌아와 취재를 시작했다. 실마리를 잡은 이상, 이 코드에 맞추어 여러 고고학자에게 연락하니 엉켰던 실타래가 차례대로 풀리는 것 같았다. 이 취재 과정에서 전화로 연락했던 백종오 충주대학교 교수에 따르면, 《세종실록》 등에는 당시 중요한 건축 재료였던 생석회를 국가에서 관리하고 배급했다는 기록도 상당수 남아 있다. 일반인이 부모의 무덤을 회곽묘로 하고 싶다고 해서, 실제로 이 방식으로 장례를 치르기는 어려웠다는 의미이다. 왜 회곽묘가 사대부 집안에서만 발견되는지 그 의문이 풀리는 순간이었다.

백 교수는 "조선 시대에 석회는 상당히 고가의 물품이었으며 공급도 부족했다"며 "왕조에서 석회를 사용하라고 권장했지만 일부 세도가가 특권 의식에 젖어 같은 회곽묘라도 남들보다 훨씬 웅장하게 짓는 등 큰 낭비를 할 우려가 있어 국가 차원에서 제한이 이뤄졌다"고 설명했다. 당시 귀중품이던 생석회를 낭비하는 것을 막기 위해 장례가 있는 집에만 정부에서 배급했다는 것이다.

《조선왕조실록》을 살펴보면 백 교수의 이 말이 사실이라는 것을 알 수 있다. '석회'라는 단어는 《조선왕조실록》 전반에 총 226번 등장하는데, 많은 경우 제사 때 지급을 명하는 것을 알 수 있다. 중종 1년 11월에는 아래와 같은 기록도 나오는데, 중종이 폭군이던 연산군에 의해 죽임을 당한 왕자와 신하들의 가족들에게 재물을 하사하고 다시금 제사를 지내도록 명하는 장면이다.

"죽은 안양군·봉안군은 계성군桂城君·전성군全城君 예에 의하여 각각 쌀·콩 50석, 종이 1백 권, 정포正布 30필, 백저포白苧布, 목면木綿 5필, 석회石灰 30석, 진유眞油 7두 5승, 청밀淸蜜 5두를 제급하고, 폐주 때, 죄 없이 귀양 가서 죽은 자인 봉안군 이봉, 안양군 이항, 우산군牛山君 이종李踵, 동지중 추부사 표연말表沿沫, 참판 고의曹偉 권주權柱, 관찰사 남궁찬南宮璨, 참파 이창신李昌臣은 혹 적소謫所에 빈소를 차렸거나 혹 고향에 장사 지낸 이도 있으니, 모두 관원을 보내어 제사 지내고 죽은 판서 이세좌도 또한 예로 개장改葬하라."

즉, 당시 생석회는 왕이 직접 지급을 명령할 만큼 각별히 관리되는 품목이었다는 의미다.

또한 백 교수에 따르면 당시 조선왕조는 대동법여러 가지 공물을 쌀로 통일하여 바치게 한 납세 제도이 실시된 이후, 호조현재의 조달청 같은 곳에서 독점으로 물품을 구입한 후 공급량을 정해 두고 재차 판매하는 방법을 썼다고 했다. 다른 많은 물품은 호조에서 구입 가격을 정해 둔 반면, 석회는 시가에 맞춰 구입하고 공급했다. 사회적인 지위와 경제력이 뒷받침이 안 되면 회곽묘를 만드는 게 불가능했던 것이다. 결국 석회로 만든 회곽묘는 당시 조선왕조의 귀족층, 즉 사대부 집안만이 정부에서 회를 지급받아 장례를 치르면서 굳어진 문화로 볼 수 있다.

여러 전문가의 말을 듣고 몇몇 실마리가 풀렸지만 혹시 의구심이 남아 국회도서관에 틀어박혀 관련 자료를 조사해 봤다. 혹시 고려 시대, 삼국 시대 때 만들어진 회곽묘가 발굴된 적이 있는지 궁금해서였다. 수많은 논문과 관련 서적을 읽어 봤지만, 조선 초기 이전에 회곽묘가 쓰였다는 기록은 단 한 건도 찾지 못했다.

세조의 부인이던 '정희왕후'의 무덤이다. 회곽묘 형태로 만들어진 최초의 왕족 무덤이다. 세종대왕도 묘를 회곽묘로 만들려고 했으나 중신들의 반대에 부딪혀 뜻을 이루지 못했다.

회곽묘가
이 땅에 들어온 이유

　　　　　　　　그렇다면 고려 시대 이전부터 우리네 왕족, 귀족층은 어떤 무덤을 만들었을까? 간단한 질문이지만, 이 역시 의외로 시원스럽게 답해 주는 사람이 드물었다. 역사학을 전공했다 해도 누구나 전공 분야가 있다. 조선 시대 묘제 문화만 연구한 사람, 고려 시대 묘제 문화만 연구한 사람 하는 식으로 나뉜다. 삼국 시대부터 고려 시대까지 연대를 꿰뚫고 있는 전문가는 찾기 어려웠다. 물론 고고학자라면 누구나 역사적 흐름을 알고 있을 것이다. 다만 기자가 찾아와 답을 묻는데, 전공이 아닌 분야에서 명쾌하게 답하기 어려우니 아예 입을 열지 않는 탓도 컸으리라 여겨진다.

　다시 수소문한 끝에 한 학자를 만났다. 주변 지인의 추천을 받아 서정석 공주대학교 문화재보존과학과 교수를 찾아갔다. 공주대학교 캠퍼스를 찾아가 만난 그는 "조선 시대 때 '회곽묘'가 갑자기 등장한 것은 확실히 이질적"이라고 했다. 서 교수에 따르면 우리나라의 귀족 계층은 고조선 이후부터 전해져 내려온 석실 매장 문화를 따랐다. 앞서 김 관장이나 백 관장이 한 설명과 일맥상통했다. 서 교수의 해설을 듣고, 국내 장례 문화를 정리한 다양한 논문과 서적을 섭렵한 결과 대략의 흐름을 잡을 수 있었다.

사실 우리나라 석실 무덤 문화는 삼국 시대 때부터 시작한 유서 깊은 것이었다. 고조선후기 위만조선 포함이 멸망하고, 삼국 시대가 시작되면서 우리 민족은 상당 부분의 땅을 한나라에 빼앗겼다. 한나라는 빼앗은 땅을 관리하기 위해 4군을 설치해 통치했는데, 대동강 유역에 자리 잡은 지역이 잘 알려진 '낙랑군'이다. 사실 낙랑군을 포함한 4군에서 발견되는 유물에 우리나라 고고학계는 그리 크게 관심을 갖지 않는다. 식민 지배를 받았기 때문에 한나라 문화의 일환으로 보고, 우리나라 전통문화로서의 가치는 상대적으로 떨어진다고 보는 시각이 많기 때문이다. 하지만 무덤의 경우는 이야기가 다른데, 낙랑 지방에선 '단축분'이라는 최초의 벽돌무덤이 등장한다. 이 무덤을 우리나라 석실 무덤 문화의 효시로 보는 경우가 많다고 서 교수는 설명했다.

낙랑에서 발견되는 고분과 비슷한 형태의 무덤들은 평안남도 대동군, 안악군, 중화군 등과 황해도 재령군, 봉산군, 신천군, 안악군 등에서 주로 발견된다.* 그리고 크게 두 종류의 무덤 형식을 찾을 수 있는데, 나무로 관 주변을 감싼 나무덧널무덤木槨墳, 목곽분과 벽돌무덤塼築墳, 단축분이다. 사실 자료를 찾다 보니 낙랑군에서 무덤을 벽돌로 만든 이유는 쉽게 이해가 갔다. 넓은 중국 평야 지역에 살던 사람들은 자연석보다는 흙을 구하기 더 쉬웠을 것이다. 흙을 구워 벽돌을 만들면 손쉽게 무덤을 만들 수 있기 때문에 당연히 벽돌을 사용하는 것이 편했으리라 추측할 수 있다. 하지만 단축분은 그리 오래 쓰이지 않았다. 우리나라는 벽돌보다 돌을 구하기가 더 쉬웠고, 애써 벽돌을 굽느니 적당한 크기의 돌을 주워 오는 것이 편했

• 박태호, 《장례의 역사》, 서해문집, 참고.

기 때문이라고 많은 학자들은 추측했다. 이렇다 보니 우리나라의 왕족, 귀족들 사이에서 차츰 무덤은 '돌로 만든다'는 공식이 굳어진 것으로 보인다. 즉 무덤 외부에 흙을 덮더라도, 관의 주변은 석실로 하는 문화가 정착된 것이다. 이 석실 무덤 양식은 삼국을 거쳐 고려 시대, 조선 시대 초기까지 변화와 발전을 거듭하면서 계속 이어졌다는 것이 서 교수의 설명이다.

선사 시대 때는 고인돌, 화장, 항아리를 쓰는 등 제각각이었고, 삼국 시대 때는 다소 선사 시대의 영향을 받아 국가별로 특징이 있었다. 고구려는 외부에 돌을 피라미드식으로 쌓는 '돌무지'를 만들기도 했다. 유명한 '장군총무덤'이 이와 같은 경우이다. 겉에 흙을 쌓는 봉분 형태를 취하더라도 내부에 석실을 만들다 보니 무덤 안에 공간이 생겼고, 그 내부에 벽화를 만드는 '벽화무덤'도 유행했다. 백제와 신라, 가야 등에서는 고구려와 풍습이 거의 비슷했다는 기록이 남아 있다. 그러나 혼란기이다 보니 다양한 무덤이 혼재되어 쓰였는데, 널무덤投壙墓 계열, 옴무덤, 독무덤, 화장무덤 등이 여러 곳에서 발견된다. 중국과 몽골, 러시아 지역으로부터 유입된 문화들이 뒤섞이던 시절이었다. 하지만 당시 지배층은 큰 고분을 구축하는 경우가 많았고, 석실로 무덤을 만드는 문화도 계속 이어졌다.

이러던 문화는 3국이 통일되고 통일신라 시기에 다소의 혼란기를 거친다. 통일신라는 개인의 믿음에 따라 다양한 매장 문화를 받아들이기도 했지만, 불교문화라 사실 화장을 많이 했다. 하지만 북쪽을 차지한 발해 지역은 고구려 문화를 그대로 받아들였기 때문에 고구려의 석실 문화를 여전히 유지하고 있었다. 이후 두 나라마저 하나로 통일되며 고려 시대에 이르자, 비로소 한반도의 장례 문화가 하나로 정립된다. 이 고려의 문화는 조선 시대에 와서 회곽묘를 쓰느냐, 쓰지 않느냐 하는 차이만 보일 뿐, 현재까지 전해지는 문화와 대부분 일치한다. 고고학자들은 실제로 회곽묘를 제외하면 우리나라의 전통 장례 문화는 모두 고려 시대 때 만들어진 것으로 보고 있다. 돌로 석실을 만들고, 그 위쪽에 흙을 덮어 봉분을 만드는 형태다.

그렇다면 이렇게 어렵게 자리 잡은 장묘 문화가 조선 초기에 들어와서 갑작스럽게 전부 회곽묘로 바뀐 것은 어떤 연유일까?

실제로 조선왕조가 처음 생긴 이후, 태조에 이어 정종 때까지는 고려 시대의 풍습을 따라 왕족도, 사대부들도 석실로 무덤을 만들었다. 그러다 3대 왕인 태종 6년부터 왕조의 강력한 권장으로, 귀족층에서 회곽묘를 쓰게 됐다고 보는 게 정설이다. 조선 초기, 왕실을 비롯해 사대부에 두루 퍼진 회곽묘 제조 방식은 세종 때 집필을 시작한 《국조오례의國朝五禮儀》라는 예법서를 통해 상세히 전해지고 있다. 실제로 조선 초기에 만들어진 회곽묘는 대부분 이 양식을 따르고 있다. 《국조오례의》가 나온 이후에, 조선 왕실은 사대부 집안에서 석실묘를 쓰지 못하도록 했고, 대신 장례를 치를 때 직급에 따라 석회를 지급했다고 한다.

그렇다면 《국조오례의》에 소개된 회곽묘 방식은 어디서 튀어나온 것일까? 여러 학자의 말을 종합한 결과, 대부분의 학자들은 회곽묘가 고려 말이 땅에 처음 소개된 주자학과 함께 유입됐다고 설명하고 있다. 실제로 회곽묘는 주자학의 제례 관련 예법서인 《주자가례朱子家禮》에서 처음 찾을 수 있다. 결국 회곽묘는 주자라는 학자가 '이렇게 하면 예법도 지킬 수 있고, 실리적이기도 하다'면서 자신의 책인 《주자가례》 통해 권장한, 당시로서는 '신개념' 장묘 방식이었던 셈이다. 이 방식이 처음 소개됐을 때는 단지 책 속에 적힌 주자의 '제안'에 불과했을 것이다. 오랫동안 전해 내려온 전통을 무시하고 대대적으로 도입할 만큼 설득력은 크지 않았을 것이다.

더구나 이 방식이 중국에서 조금이나마 쓰였다는 근거도 찾기 어렵다. 실제로 중국 현지로 취재를 다녀왔지만 회곽묘의 흔적은 발견할 수 없었고, 회곽묘에 대해 아는 전문가도 만날 수 없었다.중국의 미라와 묘제 문화에 대해서는 '6장'에 자세히 소개한다 하지만 조선 초기 태종이 주자의 방식을 받아들여 사대부들에게 사용을 권장하자 이야기가 달라진다. 회곽묘는 우리 땅에서 사대부집 조상들이 무덤을 만드는 하나의 정식 문화로 자리 잡게 된 것이다. 더구나 '회곽묘'라는 묘제 문화는 앞서 설명했듯, 당시 큰 권력을 가진 사대부들의 전유물일 수밖에 없었다. 대규모의 석실 무덤만은 못하지만 그래도 회곽묘를 만드는 것은 적잖은 수고가 들어가는 일이다. 더구나 신분의 구분이 확실한 조선 사회에서 양반층의 장묘 문화를 흉내 낸다는 건 있을 수 없는 일이었고, 생석회를 배급받지 못하는 상황에서 중인이나 천민 계층에선 회곽묘를 만들 방법조차 없었을 것으로 보인다.

회격묘(灰隔墓)와
회곽묘(灰槨墓)

한 가지 반드시 짚고 넘어가야 할 점은 회곽묘의 형태다. 조선 전기에 보급된 회곽묘, 즉《국조오례의》에서 권장한 회곽묘 제조법은《주자가례》에서 제시한 방법과는 형태가 다소 다르다. 이 말은 결국 왕실에서 개인적으로는《주자가례》의 방식을 응용해, 보다 튼튼하고 격식이 있는 모습으로 무덤 만드는 방법을 국내에서 자체적으로 연구해 지정하고 권장한 것으로 해석할 수 있다. 이 방식을 '회격묘灰

대전선사박물관에 보관돼 있는《국조오례의》전권. 당시 왕실과 사대부 등이 지켜야 할 예법이 기록돼 있다. 조선 초기에 만들었던 '회곽묘(회격묘)' 양식은《국조오례의》방식을 따르고 있다.

隔墓'라고 해서 《주자가례》에 실린 회곽묘와 구분하기도 한다. 참고로 이 책에서는 특별히 회격묘와 회곽묘를 구분할 필요가 없을 경우에는 '회반죽을 주위에 두른 무덤'이라는 포괄적 의미에서 '회곽묘'라고 통일해 쓰고 있다. 구분을 지을 필요가 있을 경우엔 전후 문맥에 따라 《국조오례의》 방식을 써서 조선 전기에 만든 무덤은 '회격묘'로, 《주자가례》를 통해 한반도에 소개됐다가 조선 후기에 다시 쓰이기 시작한 방식은 '회곽묘'로 이해하면 틀림이 없을 것이다.

회곽묘 형식의 변화는 임진왜란이 원인이라고 보는 경우가 많다. 보통 조선 시대는 임진왜란을 기준으로 그 앞부분을 전기, 그 뒷부분을 후기라고 하는데, 조선 후기부터 조선 사대부는 《국조오례의》에서 권장하는 형태가 아닌, 보다 원형이라 할 《주자가례》에서 소개하는 것과 비슷한, 보다 더 간소한 형태의 회곽묘를 만들기 시작했다. 한국 미라의 보존 상태는 결국 무덤 형태에 따라 큰 차이가 나기 마련이다. 따라서 실제로 전기의 미라가 훨씬 더 보존이 잘돼 있는 걸 볼 수 있다.

왜 이런 일이 생겼을까? 이 같은 의문은 조선 시대 묘제 전문가인 김우림 울산시립박물관 관장의 설명, 그리고 그가 수년간 전국의 회곽묘 발굴 현장을 돌아다니며 수집한 자료를 정리해 쓴 그의 박사 학위 논문 〈서울·경기 지역의 조선 시대 사대부 묘제 연구〉[2008]를 통해 비교적 상세한 답을 얻을 수 있었다. 김 관장의 논문에 따르면 '조선 전기에는 회격묘가 주로 쓰이다가 임진왜란을 전후해 상당 기간 두 가지 방식이 혼용돼서 쓰였고, 차츰 회곽묘 방식으로 바뀌어 갔다'고 적혀 있다. 김 관장은 서울·경기 지역을 중심으로 발견된 67개의 조선 시대 무덤 형태 조사 결과를 자신의 박사 학위 논문을 통해 소개한 적도 있는데 이 논문에 따르면, 조선 전기

회격묘의 구조와 제작법

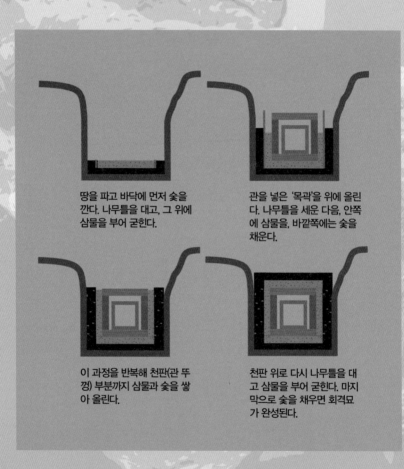

땅을 파고 바닥에 먼저 숯을 깐다. 나무틀을 대고, 그 위에 삼물을 부어 굳힌다.

관을 넣은 '목곽'을 위에 올린다. 나무틀을 세운 다음, 안쪽에 삼물을, 바깥쪽에는 숯을 채운다.

이 과정을 반복해 천판(관 뚜껑) 부분까지 삼물과 숯을 쌓아 올린다.

천판 위로 다시 나무틀을 대고 삼물을 부어 굳힌다. 마지막으로 숯을 채우면 회격묘가 완성된다.

회곽묘의 구조와 제작법

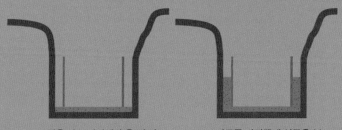

땅을 파고 바닥에 숯을 깐 다음, 나무틀을 세우고 삼물을 부어 바닥 부분을 완성한다.

나무틀 바깥쪽에 삼물을 부어 굳힌다. 회곽 안쪽에 목관이 안치될 공간이 생긴다.

목관을 안치한 후, 회곽 위쪽에 횡대(주로 돌판)를 얹는다.

횡대 위쪽으로 삼물을 부어 회곽묘를 완성한다.

의 회격묘는 조선 후기의 회곽묘보다 더 튼튼하고 조밀하기 때문에, 조선 후기에 매장된 무덤에서는 미라가 상대적으로 적게 출토되고 있다. 얼핏 상식적으로 생각하면 보존 기간이 더 짧은 조선 후기에 매장된 미라가 더 좋은 상태여야 한다. 하지만 실제로 출토되는 미라를 보면 조선 전기에 매장된 무덤이 보존 상태가 월등히 좋은 경우가 많다. 발굴되는 미라 상당수가 조선 후기보다는 조선 전기 것이 많은 것은 이 때문이다.

갑작스럽게 장묘 문화가 바뀐 원인은 물자 부족에서 찾을 수 있다. 많은 고고학자들은 임진왜란 이후 전쟁 복구 등으로 당시 시멘트처럼 쓰이던 회가 부족해졌다고 말한다. 실제로 역사서를 종합해 보면 임진왜란 이후 물자가 부족해 장례를 올바르게 진행할 수 없었다는 기록도 여러 차례 발견된다.

조선 전기의 회격묘와 후기의 회곽묘는 '생석회와 모래, 황토를 섞은 삼물=物'로 둘러싸 만든다는 점에서 재료는 같지만, 무덤을 만드는 방식에서 차이가 난다. 회격묘는 시신을 담은 관을 나무로 만든 '목곽'으로 다시 한 번 감싸고, 그 주위로 삼물을 부어 단단하게 굳히는 구조다. 《국조오례의》에는 삼물 바깥쪽을 숯으로 한 번 더 감싸도록 권장하고 있어서 사물四物이라고 부르는 경우도 있는데, 숯까지 함께 출토되는 경우는 그리 많지 않다. 반면 회곽묘는 튼튼한 목곽으로 감싼 이중 관이 아니다. 관 주위에 나무판을 세우고 공간을 만든 후 그 바깥에 삼물을 부어 석판처럼 굳혀 주변을 감싼다. 회곽과 목관 사이에 공간이 많고, 주변을 감싼 회의 두께도 더 얇은 경우가 많다. 당연히 회격묘에 비해 밀폐가 잘되지 않는다. 회의 두께가 얇으니 내부의 열소독 역시 온전히 이뤄지지 않았을 확률이 높다.

학자에 따라서는 회격묘와 회곽묘를 애써 구분할 필요가 없다고 주장하기도 한다. 발굴된 무덤의 형태를 살펴보면 전기가 비교적 튼튼한 것이 사실이지만, 굳이 이름을 따로 붙여 경계를 지을 만한 뚜렷한 변화가 보이지 않는다는 것이다. 사실 나도 회격묘와 회곽묘, 이 두 가지 형식을 놓고 어느 쪽이 옳은지에 대해 굳이 설전을 벌일 이유는 없다고 보고 있다. 실제로 무덤 하나하나를 놓고 보면 회격묘나 회곽묘, 그 어떤 쪽도 아닌 경우가 자주 있기 때문이다. 하지만 원형에서 어긋난다고 해서, 평균적인 양식의 변화마저 일괄적으로 무시한다는 것은 다소 어폐가 있다. 조선 시기를 전·후기로 나눈다면 확실히 무덤의 형태 변화가 두드러져 보이는 것도 사실이기 때문이다. 발굴되는 미라는 전기에 매장된 것이 많으며, 드물게 후기에 만들어진 무덤에서도 미라가 발견되지만 보존 상태가 상대적으로 좋지 않은 것은 대부분의 학자가 인정하는 사실이다. 그 까닭은 발굴되는 미라의 보존 정도와 무덤의 형태에서 드러난다. 회곽묘보다는 회격묘가 밀봉이 더 잘되며, 미라도 더 자주 발견되고 있다. 따라서 조선 전·후기의 회곽묘 제조 방식을 시기에 따라 칼같이 자르기보다는, 사회적으로 유행한 양식이 다소 차이가 있다는 식으로 이해하는 게 더 타당하지 않을까?

실제로 무덤의 형태가 다양한 까닭은 이것 말고도 또 있다. 무덤을 만드는 사람이 《국조오례의》나 《주자가례》에서 제시한 방법을 100% 완전히 지켰을 거라 보기는 어렵기 때문이다. 사람이 손으로 무덤을 만들기에 어느 정도 기준이 있었다고는 해도, 실제로 만든 무덤의 형태는 지역마다, 가문마다 중구난방 격일 수밖에 없다. 회곽묘 발굴 과정을 살펴본 여러 건의 논문을 보면 무덤 바닥 쪽에 횟가루를 깔지 않는 경우도 자주 발견된다는 기록을 어렵지 않게 찾을 수 있다. 풍수지리 사상을 선호하는 우리나라에서 '땅의 지기地氣를 받아야 한다'는 생각 때문인 것으로 풀이하고 있다. 당연히 이런 경우는 상대적으로 미라가 만들어지기 어렵다.

장묘 문화는 시대를 반영한다. 회곽묘를 권장한 주자, 이 사상을 받아들인 조선 초기 조선왕조 권력층은 시신이 다른 피해를 입지 않고 온전히 썩기를 바랐다. 이들은 자신들의 선택에 따라 전 세계에서 유래를 찾기 힘든 '한국 미라'를 만들어 낼 수 있다는 사실을 미리 알았다면, 과연 어떤 결정을 내렸을까?

회곽묘의 한쪽 면을 부수고 내부를 들여다본 모습. 사진처럼 관을 놓는 아랫부분은 회곽을 두르지 않는 경우가 많다.

400년 된 무덤에서 되살아난 금빛

- 행주 기씨의 직금단 치마, 금빛 되찾기 작업

한국 미라와 직접적인 관계는 없지만, 한국 미라를 연구하며 반드시 고려해야 할 점은 의복, 즉 복식사 분야다. 어느 나라나 무덤에선 옷이 함께 발굴된다. 이런 옷 역시 대단한 역사적 가치가 있기 때문에 많은 사람들의 연구 주제가 된다. 더구나 회곽묘는 밀봉, 살균 작업을 통해 미라는 물론 의복 같은 부장품도 수백 년 동안 썩지 않도록 만들었다. 과거의 의복을 전문으로 연구하는 사람에게 이렇게 거의 손상되지 않은 수백 년 전 의복을 얻을 수 있다는 건 욕심 낼 만한 기회다.

하지만 관 속에서 수백 년 세월을 지나 발견된 의복이 새것과 똑같을 리 없다. 처음 발굴될 때는 악취가 풍기고, 시신에서 배어 나온 물로 오염돼 손으로 만지기조차 꺼려진다. 하지만 우리나라 복식 전문가들은 이런 의복을 하나하나 과학적으로 복원해 찬란한 본연의 색을 살려 낸다. 월간 《과학동아》 '2012년 9월호'에 소개됐던, 회곽묘 속 의복 복원 이야기를 편집부와 당시 취재기자인 이영혜 《동아사이언스》 기자(종합편성채널 '채널A'의 과학 전문 기자로도 활약했다)의 허락을 받아, 일부 본문과 중복되는 내용을 수정, 정리하고 아래에 소개한다.

* * *

붉은색 비단 치마에 수놓은 포도 무늬와 동자승 무늬가 화려한 금빛을 내뿜는다. 조선 시대 양반집 부인들은 이처럼 금실로 장식된 화려한 의복을 즐겨 입었다.

국립민속박물관의 유물을 보관하는 수장고에는 17세기 당시 귀부인이 입은 직금단(織金緞, 비단에 금실로 무늬를 넣어 만든 직물) 치마와 저고리가 보관돼 있다. 2007년 7월, 국립민속박물관 보존과학실에서 전통적인 금장식 기법을 그대로 이용해 복원하는 데 성공한 유물이다. 이 치마와 저고리는 중요민속자료 제114호로 지정된 '포도동자문 대란치마(청주 한씨 묘 출토)와 더불어 조선 중기 상류층 부인의 예복을 살펴볼 수 있는 몇 안 되는 귀중한 유물로 평가받는다. 국립민속박물관 보존과학실에서는 직금단 의복을 어떻게 복원했을까?

회곽묘에서 미라와 함께 발견

직금단 치마와 저고리는 2006년 9월 경상북도 경주시 안강읍에서 발견됐다. 당시 영월 신씨 판서공파는 납골당을 조성하기 위해 문중 묘소를 이장하고 있었다. 조선 인조 때 정삼품 벼슬인 통훈대부를 지낸 신은뢰의 부인 행주 기씨의 묘였다. 그런데 놀랍게도 1600년경 만들어진 것으로 추정되는 이 묘에서 미라와 함께 직금단 치마와 저고리를 포함한 50여 벌의 의복이 발견됐다. 이 의복들은 무덤의 주인이 살아 있을 때 입은 일상복인데, 망자에게 보내는 수의와 관 속에서 시신이

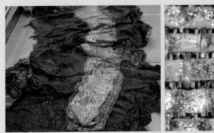

적금단 치마와 저고리는 다른 의복과 함께 둘둘 말린 채 발견됐다.(좌) 금실을 현미경으로 관찰한 모습.(우)

흔들리지 않도록 빈 공간을 메우는 보공품(補空品)으로 구성돼 있었다.

회곽묘 덕분에 행주 기씨의 직금단 치마와 저고리는 형태를 그대로 유지할 수 있었지만 오랜 세월 탓에 먼지와 때가 많이 묻어 금빛은 바래 있었고 악취도 심하게 났다. 일반적으로 무덤에서 출토된 의복은 그대로 박물관에 전시하기 어렵기 때문에 물로 세척하는 작업과 손상된 곳을 실로 깁는 작업이 필요하다. 직금단 치마와 저고리도 금빛을 되살리기 위해서 세척 작업이 필요했지만 금실 여기저기서 금박이 떨어져 나가고 있어 이마저도 쉽지 않은 상황이었다.

국립민속박물관 오준석 학예연구사(이하 학예사)는 "문화재 보존 연구를 먼저 시작한 서양에서도 직물로 된 유물은 처리가 까다로워, 부분 세척이나 진공 흡입법과 같은 기초 처리만 하고 손대지 못하는 경우가 많다"고 말했다. 게다가 조상들이 의복을 장식하는 데 쓴 금실을 만드는 정확한 방법이 현재 전해지지 않아 직금단 치마와 저고리를 되살리는 길은 첩첩산중이었다. 그래도 행주 기씨의 묘에서 출토된 치마와 저고리에 쓰인 금실의 단면을 현미경으로 관찰한 결과 금실의 정체를 알 수 있었다. 편금사였다. 오 학예사는 "편금사는 한지에 아교로 금박을 붙이거나 양피지에 금박을 붙인 뒤 가늘게 잘라 만든 금실"이라며 "금을 얇게 두들겨 편 뒤 잘라 만들거나 금을 길게 늘여서 뽑아 만드는 경우도 있었다"고 설명했다. 직금단 치마와 저고리에 쓰인 금실은 한지에 금박을 붙여 만든 방식이었다. 금실의 또 다른 종류인 연금사는 편금사를 실에 감아서 만든다. 이렇게 만든 금실은 직물의 올과 올 사이에 다양한 무늬를 수놓는 데 쓰였다. 금실 대신에, 아교에 개서 만든 금박 가루인 금니나 금박을 옷감 표면에 직접 붙이는 인금 방식도 쓰였다.

우리 조상은 언제부터 금으로 직물을 장식하기 시작했을까. 조상들은 삼국 시대 이전부터 의복을 장식하는 데 금을 사용한 것으로 보인다. 고구려 고분벽화에서 금박이 장식된 댕기를 한 여인상을 찾아볼 수 있으며, 《삼국사기》에는 신라의 진덕왕(653)이 금박으로 장식한 옷감인 금총포(金總布)를 당나라에 보냈다는 기록도 남아 있다. 삼국지나 신당서, 구당서 같은 중국의 역사서에도 고구려와 부여의 지배층이 금으로 장식한 의복을 입었다는 기록이 있다.

금실 재현한 비결은 아크릴계 접착제

오 학예사팀은 직금단 치마를 되살리기 위해 먼저 편금사

소아교나 토끼아교를 사용하자 금박이 엉겨 붙었다.(좌) 아크릴계 접착제 파라로이드 B-72는 표면장력이 작아 한지에 잘 스며들고 엉기지 않는다.(우)

를 재현하는 작업을 시작했다. 폭 0.5밀리미터, 길이 20밀리미터로 자른 금박을 한지에 붙이는 실험이었다. 금박을 한지에 붙이는 접착제로는 소아교와 토끼아교 같은 수용성 접착제와 파라로이드 B-72 같은 아크릴계 합성 접착제를 사용했다. 먼저 고농도의 소아교를 사용하자 아교가 굳으면서 금박 표면 전체가 마치 풀을 먹인 것처럼 딱딱하게 변했다. 소아교의 유리 전이온도가 95℃로 상온(20℃)보다 높기 때문이었다. 금박 표면을 소아교가 덮을 경우 금박의 색이 변하는 문제도 있었다. 가장 큰 문제는 소아교나 토끼아교를 금박에 주입할 때 금박이 순식간에 엉겨 붙는 현상이었다. 수용성 접착제에 함유된 물 분자는 전기적으로 극성을 띠는데, 물 분자가 금속결합을 하고 있는 금박과 만나면 전기적으로 중성인 금박에서 부분적으로 전하가 쏠린다. 결국 금박의 특정 부위에 있는 금 원자는 전기적으로 양전하를 띠고 일부는 음전하를 띠며 금 원자 사이의 인력 때문에 서로 엉기는 현상이 발생한다. 또 수용성 접착제에 함유된 물은 표면장력이 커서 접착제가 한지에 흡수되지 않고 표면에서 방울을 만드는 경우도 많이 생긴다.

오 학예사는 "농도를 바꿔 가며 모의실험을 수백 번 한 결과 파라로이드 B-72를 물에 1%로 희석한 접착제를 3회에 걸쳐 주입했을 때 접착 효과가 가장 좋다는 사실을 알아냈다"고 설명했다. 파라로이드 B-72는 유기용제로, 표면장력이 물의 3분의 1 정도로 작아 한지에 잘 스며들 뿐 아니라 물을 포함하지 않아 금박이 엉기지도 않았다. 또한 수용성 접착제는 유물을 물로 세척하는 과정에서 씻겨 나가 접착력이 떨어졌지만 파라로이드 B-72는 물에 씻겨 나가지 않아 접착력도 유지됐다. 오 학예사는 "그동안 의복의 경우 손상되거나 오염이 심해 전시하기 어려운 경우가 많았다"며 "문화재의 원형을 복원하는 기술에 많은 연구가 필요하다"고 말했다. 문화재 보존 기술은 수백 년을 거슬러 조상의 숨결을 되살리는 일이기 때문이다.

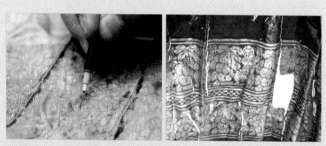

파라로이드 B-72를 주입해 금박을 접착하는 모습.(좌) 금박 접착 작업이 끝난 적금단 치마를 물로 세척하자 화려한 빛을 내뿜는다.(우)

| 제 5 장 |

만일 세종대왕이 미라로 남았다면

MUMMY

− 석실묘 버리고 회곽묘 채택한 조선왕조 장례 문화 −

회곽묘 역사를 취재, 조사하면서 상당히 흥미 있게 살펴본 부분은 왕조의 무덤이다. 태종 때부터 회곽묘 권장 정책을 펴던 조선왕조는, 사대부에 모범을 보이기 위해 결국엔 왕족의 무덤도 회곽묘로 만들기 시작했다. 회곽묘를 썼다는 말은 그 안에 있는 왕의 시신도 미라로 남았을 확률이 있다는 뜻이다. 물론 잘 보존되고 있는 여러 왕릉을 훼손해 가며 실제로 발굴해 보기 전에는 구체적인 보존 사실을 확인하기 어렵지만, 그 가능성만은 충분하지 않을까 추측하고 있다.

　《조선왕조실록》 등의 기록에 따라 왕의 무덤을 회곽으로 조성했는지, 석실 무덤으로 조성했는지 정도는 어느 정도 고증이 가능하다. 하지만 회곽으로 왕묘를 조성할 때의 복잡한 과정을 고려하면 미라가 남아 있을지, 그

여부를 100% 확신하기란 사실상 불가능할 것이다. 삼물의 발열반응에 의
한 살균 작용이 올바르게 이뤄졌는지, 완전한 밀폐가 됐는지, 무덤에 들어
가기 전 보존 작업은 얼마나 잘 이뤄졌는지를 추측할 수 없기 때문이다.

삼년상 치렀던 왕의 시신, 정말 무사할까

다만 나는 이 땅에 왕의 미라가 남아 있을 가능성이 충분하다고 보고 있다. 《조선왕조실록》에 따르면 세종대왕 이후 문종, 단종에 이르기까지는 과거의 석실묘를 그대로 사용했을 거라고 보는 것이 정설이다. 하지만 세조 이후는 이야기가 다르다. 세조가 묻혀 있는 '광릉光陵'은 처음으로 회곽으로 만든 왕의 무덤으로 알려져 있다. 세조가 '이후에는 석실을 사용하지 말라'고 말을 남겼다는 기록 역시 찾아볼 수 있다. 그 이후 조선왕조는 철종에 이르기까지 대부분의 무덤을 석실묘가 아닌, 회곽묘로 조성했다.

왕의 미라가 남아 있을지는 어디까지나 왕의 장묘 시기와 장묘 방법에 달려 있다. 왕은 바로 정식 왕릉에 매장하지 않고, 일단 '초장初葬' 형식을 취했다.ᐟ풀로 무덤을 만들어 장례를 지내는 초장(草葬)과는 다른 의미다 미리 임시 무덤을 만들어 매장한 후, 삼년상을 마친 다음에 정식 무덤으로 다시 시신을 옮기는 장례 형태다.

새삼 느끼는 것이지만 우리나라의 왕족에 대한 예절은 상상을 초월하기까지 한다. 공식적인 장례 기간은 3년. 이 기간 동안 시신을 방치할 수 없으니 초장지初葬地, 즉 공식 명칭으로 혼전魂殿: 혼궁(魂宮)이라고도 한다에 왕, 또는

135

왕족의 시신을 일단 가매장하는데, 이 가매장을 할 때까지만 해도 5개월의 공식적인 장례 기간이 필요했다.

이때까지 시신을 보관하는 것은 큰 문제가 되지 않았을 것으로 생각한다. 겨울철이라면 더욱 가능성이 높았고, 더구나 더운 여름이라고 해도 왕의 시신이 남아 있을 가능성은 여전히 존재한다. 앞서 언급한 대로 시신을 각별히 생각하는 우리 조상은 일반 사대부조차 여름철 '빙고'에서 꺼내 온 얼음을 지급받아 시신을 보존했다. 하물며 왕의 시신은 어땠을까.

역사 기록을 살펴보면 왕의 시신을 무덤에 들어가기 전까지 썩지 않게 보존하려는 노력은 눈물겹기까지 하다. 먼저 왕의 시신은 '빙반氷槃'이라는 얼음 침대를 만들어서 눕혔다. 요즘의 '냉동영안실'에 필적하는 조치를 취한 것이다. 겨울 한강에서 오염되지 않은 곳의 얼음을 채취해 빙고에 보관했다가, 왕이 사망하면 이를 꺼내와 빙반을 만들었다. 실제로 서울 용산구 동빙고동과 서빙고동은 얼음 창고가 있어서 붙여진 이름이다. 동빙고는 왕실 장례와 제사 전용이고 서빙고는 왕실의 주방용과 문무백관에게 하사하기 위해 저장했던 곳이다. 이 두 빙고는 나무로 만든 '목빙고'였기 때문에 지금은 존재하지 않는다.

빙반은 길이 3미터, 너비 1.6미터, 깊이 90센티미터 정도라는 기록이 있다. 현대의 빙반을 바닥에 놓은 다음 그 위에 평상을 놓고 평상 위에 시신을 올려놓았다. 또 시신 위에 다시 빙반을 포개어 올렸다. 또 시신 주변에 마른 미역을 가득 쌓아 둔 다음, 수시로 새 것으로 갈면서 습기를 제거했다. '국장國葬'에 쓰이는 미역이라는 뜻에서 '국장미역'이라고 불렀다.

이런 상황을 종합해 본다면, 만약 누군가가 《조선왕조실록》을 비롯해 다양한 역사서를 '미라'라는 테마에 맞춰 철저하게 해석하고 연구한다면,

그래서 조선 왕의 사망 시기와 매장 시기, 보존 방법 등을 고증해 낸다면, 아마도 미라로 남아 있을 가능성이 높은 왕도 비교적 높은 확률로 구분할 수 있지 않을까 생각된다.

왕의 가매장 무덤
'혼전(魂殿)'도 회곽묘였다

　　본래 초장이란 임시로 시신을 보관하
는 가매장假埋葬이 목적이기 때문에, 서민층에선 시체를 임시로 파묻어 두
거나 관에 넣고 풀 등으로 덮어 두는 초분草墳을 쓰는 경우가 많았다. 그러
나 왕조에서는 초장을 할 때도 격식에 맞게 제대로 무덤을 만들었다.

　　왕, 혹은 왕족의 혼전 조성 형태를 확실히 가늠할 수 있는 실증 자료는
많지 않다. 만약 혼전을 엉성하게 조성했다면 삼년상을 치르는 사이에 왕
의 시신이 훼손될 것이다. 그러나 많은 문화적 발굴과 연구 성과를 살펴보
면, 조선 초기를 제외한다면 왕의 무덤으로 초장 때부터 회곽묘를 썼던 것
으로 보인다. 냉동 보존을 거치며 각별히 보관을 하던 왕이나 왕비의 시신
을 일단 회곽묘에 안장했다가, 다시금 재차 회곽묘로 옮겼다고 해석할 수
있는 부분이다. 이 말은 미라를 탐구하는 입장에서 보면 시신이 매우 잘
보존됐을 확률이 높다는 의미로도 통한다.

　　왕비의 혼전은 왕의 혼전과 다소 차이가 있는데, 왕보다 먼저 죽은 왕비
는 삼년상이 끝난 이후에도 수십 년이라도 계속 혼전에 매장해 두었다가,
왕이 죽고 난 후 삼년상을 치르고 나서야 다시 왕과 같은 무덤으로 옮기
게 된다. 이런 재매장 절차를 '부묘'라고 하는데, 조선 왕실에는 부묘의 준

비와 진행을 담당하는 '부묘도감'이라는 관직이 있을 정도였다. 또 혼전을 관리하는 특별 기구도 있었는데 '혼전도감魂殿都監'이라고 불렀다. 총책임자는 총호사總護使라고 하는데, 특별한 사유가 없는 한 현임 영의정이 겸임하도록 되어 있었고, 그 밑에 제조·도청都廳·낭청郎廳 등이 있었다.

이런 사실은 2008년 '세종대왕의 초장지'로 잘못 알려졌던 것이 정정되면서 화제가 됐던, 사실상 중종 계비인 장경왕후 윤씨의 묘, 즉 구舊희릉禧陵의 조사 자료를 통해 알 수 있었다.

구희릉 발굴은 다른 의미로는 많은 사람들이 조선 최대의 성군으로 믿고 있던 '세종대왕의 초장지'가 사실상 사라진다는 뜻도 된다. 하지만 개인적으로는 이 자료를 살펴보면서 왕족을 초장지에 매장할 때 제대로 된 회곽묘 형태를 유지했다는 걸 확인했다는 사실 하나로도 미라에 관심이 있는 사람으로서 크게 반길 만했다.

우리는 현재 왕의 무덤, 즉 '왕릉'민큼은 훼손하지 않고 그대로 보존하고 있다. 하지만 어느 날 세조 이후에 만든 조선 왕조의 무덤을 발굴해 본다면, 아마도 몇몇 사람은 충분히 미라로 만날 수 있지 않을까?

여담이지만, 개인적인 판단으로는 구희릉 발굴을 놓고 '세종대왕 초장지' 이야기가 불거진 것은 조금 이해하기 어려웠다. 구희릉, 즉 잘못 알려졌던 세종대왕 초장지는 1973~1974년 당시 세종대왕기념사업회의 주관으로 이뤄졌는데, 당시 역사학자들이 우리나라 왕조의 회곽묘 정착 시기에 대해 조금이라도 이해하고 있었다면 이런 추측은 나오지 않았을 것이라고 생각됐기 때문이다. 사대부의 무덤을 회곽묘로 만들기 시작한 것은 태종 때부터지만, 왕의 무덤을 회곽묘로 짓기 시작한 것은 세종 3대 이후 왕인 '세조' 때부터로 보는 것이 정설이다. 따라서 그 이전에 초장지가 회곽묘로 만들어졌을 거라고 보기엔 다소 무리가 있었다.

하지만 여러 날을 고민해 본 결과, 일부 전문가들이 그만한 기대를 한 것도 한편으론 불가능하지 않다는 생각도 들었다. 《세종실록》에 따르면 세종대왕은 적극적으로 회곽묘를 권장한 인물로 알려져 있다. 세종 28년 소현왕후가 죽자 자신도 묻힐 영릉英陵의 구조를 회곽묘로 할 것을 주장했으나 대신들의 반대에 부딪혀 다시금 석실로 조성했다는 기록도 나온다.

세종대왕은 석실인 현릉에 묻혔다. 만일 국내에 회곽묘 제도가 조금만 일찍 정착됐다면, 언젠가는 우리나라 최고의 성군인 세종대왕의 살아생전 모습이 그대로 남아 있을 가능성도 상당히 높아졌을 것이다. 미라를 탐구하던 언론인으로서, 이 사실을 처음 확인했을 때는 상당히 아쉬웠다.

조선 제4대 왕 세종과 소헌황후 심씨의 합장릉. 1970년 사적 제195호로 지정되었다. 무덤 배치는 《국조오례의》를 따른 것으로 알려져 있다.

앞서 언급한 대로 조선 왕조의 무덤은 초창기 석실로 조성됐지만 《주자가례》에 대한 연구와 풍수적 관념을 바탕으로 차츰 회곽으로 조성하게 된다.

조선 초기, 건국이념으로 꼽혔던 《조선경국전》은 중국의 《주례》를 바탕으로 당시의 학자 '정도전'이 국내 실정에 맞게 다시금 편찬한 것이었다.

이 《조선경국전》은 태조 때 《경제육전》의 발간으로 이어졌고, 그리고 태종대에 와서는 《속육전》의 편찬으로 다시금 이어지게 된다. 육전이란 나라를 통지하는 6가지 기본 형태, 즉 이전吏典, 호전戶典, 예전禮典, 병전兵典, 형전刑典, 공전工典을 말하는 것. 태조 이성계가 조선을 건국한 이후, 새 국가에 맞는 새로운 통치 관념과 과정은 이렇게 몇 대가 걸쳐 발전하며 정립돼 왔던 것이다. 이 과정에서 당연히 각각의 육전을 상세히 실행할 수 있는 세부 준칙을 마련하는 과정도 혼란을 겪었는데, 당시의 신학문, 즉 주자의 성리학과 기존 관습의 충돌 역시 피하기 어려웠기 때문으로 보인다.

이런 문화적 변화에 따른 부작용은 당연히 왕릉을 축조하면서도 나타났다. 당시 왕족과 신하들 사이에서 왕릉의 구조를 고려 시대부터 이어 내려온 전통의 석실묘로 할 것인가, 아니면 주자의 성리학에 따른 '회곽묘'로 할 것인가 하는 점은 대단한 논란거리 중에 하나였던 것으로 생각된다.

당시 조선 왕조는 왕의 무덤을 현궁玄宮이라고 부른다. 한자를 그 뜻 그대로 읽으면 '어두운 궁궐'이라는 뜻. 말 그대로 죽은 임금이 거처하는 궁이라는 뜻이다.

여담이지만, 이 '검을 현玄' 자는 방위 중 북쪽을 의미하기도 한다. 북쪽을 지키는 방위신의 이름을 '현무玄武'라고 하는 것도 이 때문이다. 따라서 북쪽에 위치해 있는 궁, 즉 임금의 침소와 왕비의 거처가 있는 장소, 임금이 휴식을 취하면서 깊은 생각을 하는 휴식처, 또는 맨 북쪽의 왕비가 거처하는 장소를 지칭할 때 쓰이기도 하므로 문맥상 구분이 필요하다.

조선 초기 현궁은 당연히 고려 시대부터 이어 내려온 유습을 그대로 이어받아 석실로 축조됐다. 건국 이래 처음으로 축조된 왕릉은 태조의 계비였던 '신덕왕후'의 무덤인 정릉貞陵부터 문종이 묻힌 현릉顯陵에 이르기까지 60년간 석실로 조성됐다. 왕과 왕비를 제사 지내는 '대상大喪'뿐 아니라 세자나 왕자, 공주 등의 상을 치르는 '소상小喪' 때도 석실을 주로 사용했다.

이 와중에 현궁 축조를 회곽묘로 바꾸려는 측과 이를 막으려는 측의 의견 충돌이 있다는 기록은 여러 차례 찾아볼 수 있다. 회곽묘의 현궁 축조는 당시 실제로 많은 마찰을 겪은 것으로 보인다. 앞서 언급한 대로 세종대왕도 자신의 무덤을 회곽묘로 만들려 했다가 실패했다. 태종은 태조의 무덤인 건원릉健元陵을 건축하려고 하자, 당시 성리학을 기본 사상으로 삼던 신진사대부는 회곽묘를 권장한 반면, 천문·지리를 담당하는 부서인 서운관書雲觀은 전통 그대로 석실 사용을 주장했다. 의견이 분분하자 당시 세

• 안경호, 《조선 능제의 회격 조성방법》, 정신문화연구 2009 가을호, 참고.

자인 양녕대군을 시켜 점을 치게 하고 그 결과에 따라 석실로 결정했다.*

왕의 무덤 중 최초는 세조의 광릉이지만 왕족의 무덤 중 가장 먼저는 태조의 고조부인 '목조穆祖, 본명 이안사(李安社)'의 무덤인 덕릉德陵, 그리고 그의 부인, 즉 태조의 고조모인 효공 왕후孝恭 王后의 능인 안릉安陵이 시초다. 태종은 이 두 사람의 무덤을 공주에서 함주 달단동 언덕으로 옮기면서 처음으로 회곽묘를 도입했는데, 전국 사대부를 대상으로 석실 금지령을 내린 후 불과 4년밖에 되지 않은 시기이다 보니 왕실의 솔선수범을 보인 사례로 해석되고 있다. 이후 세조가 죽으며 '앞으로 회곽묘만 사용하라'는 유훈을 내림에 따라 조선 건국 이후 계속됐던 석실 무덤은 왕실을 포함해 모두 회곽묘로 바뀌게 된 것이다.

• 〈태종실록〉, 태종 8年 7月 壬申(26日) 참고.

조선왕조 회곽묘는
석실+회곽묘 절충형

그렇다면 왕가의 회곽묘 조성 방법은 어땠을까. 당연히 일반 사대부의 것과는 현격한 차이가 있는데, 《국조오례의》에 비교적 상세히 나와 있다.

재미있는 점은 왕릉의 조성 방법으로 석실을 어느 정도 병행할 것을 권장하고 있다는 점이다. 즉 작게나마 관 주위로 일단 석실을 만들고, 그 주위를 생석회를 섞은 삼물을 사용해 굳히는 형태다. 마지막으로 일반 회곽묘처럼 숯가루로 회곽 주위를 다시 둘러 주는 구조다. 즉, 석실을 사용해 왕실의 권위는 지키지만 회곽묘 역시 사용해 《주자가례》의 권장도 지키는 절충안을 제안한 형태라고 해석할 수 있을 것 같다.

물론 왕가의 무덤이 꼭 이 같은 형태로 남았을 거라고 보기는 어렵다. 예법 역시 계속 변화하고 움직였기 때문이다. 《국조오례의》는 이후에도 많은 변형이 등장한다. 《국조속오례의》, 《국조속오례의보》, 《국조오례의고이》, 그리고 《국조상례보편》 등으로 편찬되며 첨삭과 개정이 계속해서 이뤄졌다.*

왕릉은 가급적 보존하고 있기 때문에 현대에 이런 회곽묘 왕릉을 발굴해 보는 것은 큰 무리가 있다. 현재까지 발굴된 왕릉 중 그나마 왕릉의 실제 모습을 들여다볼 수 있는 유일한 방법은 세종대왕 초장지로 오인받아 조사가 이뤄졌던 '장경왕후 구희릉' 유적뿐이다.

장경왕후는 중종 2년에 왕비로 책봉됐다. 8년 후 아들^{인종}을 낳고, 산후병으로 사망했던 인물인데, 왕비였던 만큼 홀로 묻혀 있다가 후일 중종 32년 왕이 죽고 난 후 삼년상을 마치고 비로소 왕과 함께 부묘한 것이다.

구희릉은 1970년대에 한 차례 발굴됐지만 근래^{2008년} 다시금 정비 사업을 벌였다. 당시 자료를 살펴보면 구희릉의 내부 규모는 높이 1.6m, 길이는 2.9m, 높이는 1.4m 정도다. 묘 주위를 둘러싼 회곽의 두께는 34cm로 상당히 두껍고, 외부에 21cm 두께로 숯가루 층 역시 형성돼 있었다. 구희릉만을 놓고 본다면, 설사 무덤의 외부만큼은 전형적인 회곽묘 구조를 따랐지만, 사대부의 회곽묘에 비해 월등히 큰 규모라는 사실을 알 수 있다.^{••}

1970년대 발굴 당시 기록을 살펴보면 숯가루가 너무나 두꺼워 주변 나무뿌리가 숯 층조차 뚫고 들어가지 못했다는 기록이 남아 있다.

• 이런 변화를 모두 조사, 섭렵해 소개하기란 전문 역사서가 아닌 다음에야 다소 무리가 따른다. 이런 변화에 관심이 있는 사람은 국상의 빈도수가 가장 많았던 숙종(6차례)과 영종(4차례) 시기를 거치면서 재정립된 《국조상례보편》 정도를 참고한다면 큰 도움이 되리라 믿는다. 한글 번역서 역시 나와 있다.

•• 안경호, 《조선 능제의 회격 조성방법》, 정신문화연구 2009 가을 호, 참고.

| 제 6 장 |

중국 미라 앞에서
입을 틀어막다

MUMMY

– 한국 미라의 사촌, 마왕퇴(馬王堆) 미라에 숨은 비밀 –

회곽묘는 얼핏 보기에 돌로 만든 '석관'과 비슷하다. 하지만 무덤 구조를 구분하면 분명히 나무로 만든 '목곽묘'다. 관을 만들고, 관 주위를 나무틀로 한번 더 감싼 전형적인 목곽묘 형식을 그대로 유지하고 있다. 다만 목곽 주변을 한 번 더 감싼 회반죽이 돌처럼 굳어 있을 뿐이다. 회곽은 돌이 아니라, 단단한 흙덩어리로 보는 게 더 타당하지 않을까?

앞 장에서 설명했듯 회곽묘 문화는 《주자가례》에서 처음 등장한다. 그렇다면 주자는 어떻게 이런 생각을 해냈을까? 한 사람의 독창적인 아이디어라고 치부하기엔 무리가 있다. 사람의 생각 역시 역사와 문화의 영향을 받지 않을 수 없는 데다, '예법'을 설명한 책에서 자신만의 독창적인 사고를 강요했을 리는 없다. 상식적으로 생각해도 기존의 예법을 새로운 시각으로 정리했다고 보는 편이 한결 타당하다.

회곽묘와 비슷한 형태의 무덤은 정말 우리나라에만 있는 것일까? 국내 조사로는 이런 답을 알아내는 데 한계가 있었다. 우리나라에 문화적으로 가장 큰 영향을 미쳤을 중국의 장묘 문화와 비교해 보는 게 순서겠지만, 중국의 문화재 발굴 자료는 한국어는커녕 영어로 된 논문을 찾는 것도 쉽지 않았다. 궁금증을 해결하기 위해 해외 현장으로 무작정 찾아가려고 마음을 먹었다. 실마리는 하나뿐이었다. 지금까지 도움을 받았던 의료 전문가들로부터 '중국 후난성湖南省, 호남성, 후베이성湖北省, 호북성 근처 일부 미라가 한국 미라와 비슷하다'는 이야기를 수차례 전해 들었기 때문이다. 중국의 미라를 살펴보고, 현지 전문가들을 만나 설명을 들어 본다면 무언가 실마리를 찾을 수 있을 것 같았다. 차근차근 자료 조사를 거쳐 제대로 된 탐사 계획을 짜고 싶었지만 세상일이 그리 쉬울까. 직업이 취재기자라지만 한 가지 주제만 줄기차게 따라붙는 일은 직장인으로서 결코 쉽지 않았다. 비용이야 어떻게 호주머니 비상금을 털어 본다지만, 원하는 때에 휴가를 내는 것도 쉽지 않은 일이었다.

다행히 '미라에 미쳐 있는' 한 기자에게 회사 편집부에서 기회를 주기로 했다. 한 달 정도 정식으로 취재 기간을 주고, 한국 미라를 특집호로 월간 《과학동아》 잡지에 소개하기로 결정한 것이다. 이때다 싶어 그달 취재 계획에 해외 출장을 집어넣었다. 하지만 결제가 이뤄지고 나자 마감 시간까지 남은 일정은 불과 보름 남짓. 누굴 만날지 결정도 하지 않은 상태에서 겁 없이 비행기 티켓팅부터 진행해야 했다. 이메일로 받은 비행기 티켓에는 인천-창사長沙, 장사라고 적혀 있었다. 중국이 자랑하는 '마왕두이馬王堆, 마왕퇴 미라'가 전시돼 있는 후난성 보우관湖南省 博物館, 호남성 박물관이 위치한 곳이다.

은인을 만나
고민을 풀다

　　목적지를 호남성 박물관으로 정한 이
유는 지극히 단순했다. 그곳에 유명하면서도 한국 미라와 흡사한 미라가
있다고 하니, 이곳을 먼저 보는 게 순서라고 생각했기 때문이었다. 하지만
막상 일을 벌여 놓으니 불안감이 점점 커졌다. 무작정 중국을 찾아간다고
해결될 문제가 아니었기 때문이다. 무작정 현지를 찾아가 주마간산 식으
로 구경하고 온다면 일반 박물관 관람객과 무엇이 다를까 하는 생각이 들
었다. 현지까지 간 만큼 그곳 전문가들을 만나 보고 충실한 취재를 하고
싶었지만, 누구를 만나 무엇을 물어봐야 할지도 잘 알지 못했다.

　　결국 또 사정을 알 만한 국내 전문가들의 도움을 받기로 했다. 서울과
대전 대덕연구단지를 오가며, 평소 친분이 있던 몇 사람의 고고학, 법의학
전문가를 찾아다니며 무조건 도움을 요청했다. 하지만 국내에 미라를 테
마로 제대로 연구한 사람이 어디 흔하던가. 한발 더 나아가서 중국의 미라
에 대해 잘 아는 사람은 더 찾기 어려웠다. 그러니 중국의 전문가를 소개
해 줄 사람을 찾는 것도 그리 쉬운 일은 아니었다. 하루하루 시간이 흐를
수록 '이러다간 간신히 얻은 출장 기회마저 놓치는 것 아닌가' 하는 초조함
도 커져 갔다.

궁하면 통하는 법이라고 했던가. 결국 몇 사람의 전문가를 건너 한 사람을 찾아낼 수 있었다. 경상남도 창원에 자리한 '동아세아문화재연구원'의 신용민 원장이었다. 신 원장은 '중국통'이라고 불릴 만큼 현지 고고학회와 교우가 깊은 인물로 알려져 있는데, 그를 통하면 중국으로 취재를 다녀올 때 필요한 모든 도움을 받을 수 있을 것이라고 했다. 몇 번이나 전화를 걸어 겨우 신 원장과 통화를 했고, '일단 한번 찾아와 보라'는 약속을 받아냈다. 그리고 서울에서 창원까지, 다섯 시간이 넘게 운전해 그를 찾아갔다. 만나자마자 대뜸 도와 달라는 말부터 꺼냈다.

"미라를 주제로 기획 기사를 쓰고자 합니다. 중국으로 취재를 가고자 하는데, 어려운 부탁이지만 부디 현지 인맥을 좀 소개해 주십시오."

이건 결코 쉬운 일이 아니었다. 중국인들은 한번 친분을 쌓은 사람과의 교우 관계를 매우 중시하며, 모르는 사람을 함부로 소개하지도, 받지도 않는다. 처음 보는 사람의 입에서 나오는 중국 인맥을 소개해 달라는 말에 수긍해 주는 사람은 거의 없다. 중국의 문화를 잘 아는 '중국통'일수록 그런 일은 절대 쉽게 일어나지 않는다. 그것이 상대인 중국인들에게 얼마나 큰 부담이 되는지 잘 알기 때문이다. 하지만 신 원장은 달랐다. 이 말을 들은 신 원장은 잠시 생각해 보더니 "과학적, 문화적으로 큰 가치가 있는 일이니 최대한 돕겠다"며 자신의 일처럼 나섰다. 그는 앉은 자리에서 휴대전화를 꺼내 중국 현지에 전화를 걸어 주었다. 유창한 중국어로 도움을 줄 사람을 수소문해 주고, '한국 후배가 취재를 가니 불편한 일이 없도록 편의를 봐달라'고 여러 차례 전화와 이메일로 대신 부탁해 줬다. 혼자서 현지 학계에 접촉을 시도했다간 취재 자체가 성사되지 않을 수도 있었다. 그야말로 크나큰 신세를 진 셈이다.

신 원장이 소개해 준 인물은 첸싱칸陳星燦, 진성찬 박사였다. 중국 고고학계의 석학으로 다수의 저서를 집필하기도 한 유명 인사다. 우리나라에도 그가 집필한 책 중 한 권인《중국 고대국가의 형성》이 출간돼 있을 만큼 저명한 학자다. 현재 중국 중앙박물관 부소장으로 근무하고 있다. 첸 소장은 신 소장의 소개를 받자 역시 자신의 일처럼 나섰다. 직접 나와 이메일을 주고받으며 항공편은 물론 현지 취재까지 최대한 무리 없이 진행할 수 있도록 도왔다. 그리고 호남성 박물관의 책임급 연구원시니어 리서처인 니에페이聶菲, 섭비 씨를 소개해 주었다.

결국 진성찬 소장의 도움으로 우여곡절 끝에 중국행 비행기에 올랐다. 중국 장사 공항에 도착하니 섭비 연구원은 박물관 차량을 가지고 공항까지 마중을 나와 있었다. 섭비 연구원은 취재 과정에서 가고 싶다는 곳은 어디나 출입할 수 있게 배려해 줬고, 만나고 싶다는 사람도 최대한 접촉할 수 있게 도와주었다. 장사 시에서의 취재는 1박 2일이 짧은 일정이었지만, 할 수 있는 최대한의 배려를 해준 것이다.

중국,
규모에 놀라고 역사에 반하다

공항에서 '숙소에 들러 짐부터 풀어 놓겠느냐는 섭비 연구원의 권유를 뒤로하고, 비행기에서 내리자마자 박물관부터 가자고 했다. 시간이 부족하기도 했지만 그 유명한 중국의 미라를 빨리 두 눈으로 보고 싶다는 욕심이 컸다. 박물관은 공항에서 그리 멀지 않은 곳에 있었다. 현지에 도착하자 호남성 박물관 측은 영어를 어느 정도 할 줄 아는, 숙련된 학예사 한 사람을 붙여 박물관 내부를 둘러보는 동안 안내를 맡도록 했다. 부족한 출장비지만 만일을 대비해 호주머니 돈까지 보태 중국어에 능한 조선족 통역을 수배해 둔 터였기 때문에 의사소통에 큰 문제는 없었다.

 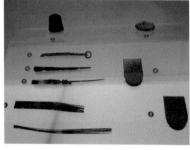

학예사는 호남성 박물관이 자랑하는 마왕퇴 미라가 1972년 발굴됐다고 했다. 사망 시기는 발굴된 문헌, 중국의 역사 등과 비교한 결과 기원전 150년 부근인 걸로 보였다. 지금이 서기 2014년이니 무려 2150년 이상을 땅속에 썩지 않고 묻혀 있던 셈이다. '마왕퇴 미라'라 불리는 이유는 발굴된 유적지의 이름을 딴 탓이다. 유적지의 이름은 '마왕두이한무马王堆汉墓, 마왕퇴한묘'로 붙여졌는데, 중국과 구소련 간 분쟁이 한창이던 1971년. 당시 군인들은 전쟁에 대비해 장사 시에서 동쪽으로 약 4킬로미터 떨어진 마왕퇴란 이름의 동산에 방공호를 파내려가다 우연히 미라를 발견했다. 그 이후로 이 무덤은 마왕퇴한묘라고 불렸다고 한다.

이 무덤은 발굴 당시 중국의 대단한 관심을 얻었다. 역사 기록에 따르면 서한 초기 중국의 국가 중 하나인 '창사국' 재상이던 리캉利倉, 이창의 가족무덤으로 알려져 있다. 재상이 황제를 제외하면 사실상 최고 권력을 가진 사람인 만큼 무덤의 규모 역시 대단했다. 이곳에선 3개의 무덤이 발굴됐다. 발굴 순서에 따라 1, 2, 3호 무덤이라고 부른다. 1호는 이창 부인, 2호는 이창 자신의 무덤, 3호는 이창 아들의 무덤으로 밝혀졌다. 이 3개의 무덤 중 미라가 출토된 것은 1호 무덤이다. 유명한 마왕퇴 미라는 결국 재상 이창

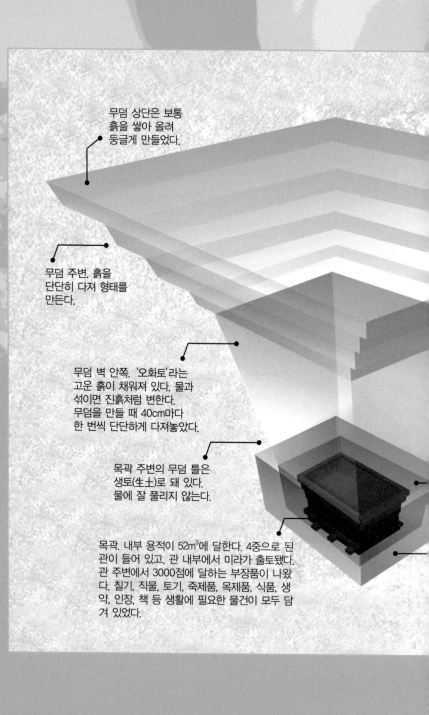

무덤 상단은 보통
흙을 쌓아 올려
둥글게 만들었다.

무덤 주변. 흙을
단단히 다져 형태를
만든다.

무덤 벽 안쪽. '오화토'라는
고운 흙이 채워져 있다. 물과
섞이면 진흙처럼 변한다.
무덤을 만들 때 40cm마다
한 번씩 단단하게 다져놓았다.

목곽 주변의 무덤 틀은
생토(生土)로 돼 있다.
물에 잘 풀리지 않는다.

목곽. 내부 용적이 52m³에 달한다. 4중으로 된
관이 들어 있고, 관 내부에서 미라가 출토됐다.
관 주변에서 3000점에 달하는 부장품이 나왔
다. 칠기, 직물, 토기, 죽제품, 목제품, 식품, 생
약, 인장, 책 등 생활에 필요한 물건이 모두 담
겨 있었다.

마왕퇴 유적지의 무덤 구조

19.5m / 넓이 17.8m / 깊이 16m

목곽 주변을 마지막에는 숯으로 싸두었다. 두께는 40~50cm. 당시 발굴단은 '1만 근(약 5000kg)이 넘었다'고 보고했다. 불이 붙을 만큼 보존이 매우 잘돼 있었다. 발굴지에 쌓아 둔 숯을 지역 주민들이 조금씩 가져다 땔감으로 썼다는 기록이 남아 있다.

백고니. 미정고령토(微晶高嶺土)라고도 부르는 흰색 점토다. 중국은 목곽 주위에 백고니를 두르는 경우가 많은데, 두께는 보통 수 cm다. 마왕퇴 1호분 백고니의 두께는 1.3m였다.

의 부인인 셈이다. 부인의 본명은 신추이辛追, 신추로 기록돼 있다.

이 박물관은 실제 무덤 구조를 재현했다. 복층 구조의 전시관을 만들어 옛 무덤 구조를 그대로 되살리고, 관람객들이 위쪽에서 내려다볼 수 있도록 만든 것이다. 무덤이 너무도 커 그 규모에 넋을 잃고 보고 있자 안내 직원이 "이 정도로 놀랄 필요는 없다"며 "실제 무덤의 크기는 이것보다 두 배 정도 크다"고 했다. 지금의 크기는 관람객의 이해를 돕기 위해 만든 작은 세트일 뿐이라는 것이다. 실감이 나질 않아 이튿날 실제 유적지를 찾아가 보았다. 박물관 측은 발굴된 3개의 무덤 중 하나만을 공개하고 있었는데, 관람객들이 혹시 발을 잘못 디뎌 추락하는 것을 막기 위해 철제 난간을 설치한 것을 빼면, 발굴 당시 모습을 그대로 유지하고 있었다. 현장에서 궁금한 점은 섭비 연구원이 따라와 하나하나 상세하게 소개해 주고, 혹시 궁금증이 들어 질문을 하면 아는 한도에서 친절하게 설명해 주었다.

실제로 이 무덤은 보자마자 벌어진 입을 다물지 못할 정도로 대단한 크기를 자랑했다. 무덤의 기본 구조는 박물관에서 본 것과 다르지 않았지만 그 크기는 실제로 압도적이었다. 피라미드를 거꾸로 파 놓은 것 같은 인상을 받을 만큼 대단한 규모였다.

미라가 발견된 마왕퇴 1호분의 실제 크기는 깊이 16미터, 가로 17.8미터, 세로 19.5미터에 달한다. 4, 5층 건물에 필적하는 넓이와 깊이의 땅을 '무덤 하나 만들자'며 파낸 것이다. 충분한 깊이까지 안전하게 땅을 파기 위해서 계단 형태로 차츰차츰 흙을 다져 가며 파 들어간, 정밀한 토목공사 현장이었다. 박물관에서 본, 시신을 담았던 목재 관의 크기도 상상을 달리했다. 우리나라에서 생각한 관과는 비교할 수 없이 컸는데, 관이 아니라 작은 통나무집을 보는 느낌이 들 정도였다. 지하 전시 공간 쪽으로 내려가자 나무로 만든 거대한 구조물이 눈에 들어왔다. 무덤을 감싼 틀을 밑에서 보고 있자니 통나무집 한 채가 연상될 만큼 컸다. 높이는 3, 4미터를 넘을 듯싶었다. 안내 직원은 마왕퇴 미라가 담겨 있던 관을 다시 한번 튼튼하게 밀봉한 나무틀, 즉 '목곽木槨'이라고 했다. 설명을 듣지 않았다면 관을 보호하기 위해 만든 틀이라는 생각은 하지도 못했을 것이다.

마왕퇴 미라는 이런 거대한 크기의 목곽 안에서 발견됐는데, 그 안에는 다시 4겹의 고급 나무 관이 들어 있었다. 시신 하나 안장하기 위해 도합 다섯 겹의 거대한 관을 만든 셈이다. 물론 목곽 안에는 온갖 부장품이 함께 채워져 있었다. 사실 이런 거대한 무덤에 시신 한 구만 들어 있을 리 없었다. 당연히 살아생전 무덤의 주인이 쓰던 수많은 물건, 그리고 그 시신의 극락왕생을 바라며 넣은 수많은 부장품과 문화 예술품이 함께 출토됐다. 당시 발굴단은 이곳 마왕퇴 유적지에서 모두 3개의 무덤을 발굴했는데, 미라가 발견된 곳은 이곳 1호분이 유일하다. 하지만 3개 무덤에서 나온 부장품은 대부분 손상 없이 수습했다고 했다. 이창 재상의 부인인 신추의 무덤에서 발굴된 유물은 모두 1,000여 점. 추후 재상 자신과 그의 아들 무덤에서 발굴된 유물의 숫자도 그에 못지않았다고 한다.

호남성 박물관은 1956년에 건립됐다. 하지만 마왕퇴한묘가 발굴된 이후, 쏟아져 나온 수많은 문화유산을 보관할 곳을 찾다가 이곳 박물관이 지명됐고, 박물관 자체를 아예 재건축했다. 마왕퇴 미라 덕분에 새롭게 만들어진 박물관이 현재의 호남성 박물관이다. 이런 유물을 모두 합하면 마왕퇴한묘에서 발굴된 유물의 숫자는 모두 46종 3,000점이 넘는다. 더구나 12만 자에 달하는 고대 정보를 담은 책과 비단 등 문자 자료도 포함돼 있어 당시의 문화유산을 여과 없이 현대에 전해 주고 있다.

이 출토물들은 대부분 중국의 국보급 유물로 등록돼 있다. 이 때문에 박물관에서는 마왕퇴한묘에서 출토된 유물을 따로 모은 '마왕퇴한묘 문물 전시실'을 만들어 두었다. 이곳에는 칠기, 나무 인형, 수놓은 비단 베개, 현악기, 대나무 상자 등 생활필수품, T자형 비단에 그림을 그린 명정, 인장, 옥기, 청동거울, 주사위, 악기 등 다양한 유물이 오늘 갓 만들어진 듯한 모습으로 고이 전시돼 있었다. 이 마왕퇴한묘 유물에 대한 중국 현지 박물관 직원들의 자부심은 대단했다. 호남성 박물관 부관장은 자신이 근무하는 박물관의 가장 큰 자랑거리인 마왕퇴한묘 전시 공간을 이렇게 설명했다.

"2100년 전, 고대의 물질문명이 얼마나 뛰어난지를 이만큼 똑똑히 체험할 수 있는 곳은 없습니다. 오직 이곳 호남성 박물관뿐입니다."

미라가 발굴된 실제 목곽. 사람의 키보다 서너 배는 크다.

마왕퇴 유적. 미라가 나온 유적은 1호 고분이지만 현재 공개하지 않고 있다. 사진은 이창 재상의 무덤이던 2호 고분으로, 이곳에서는 미라가 발굴되지 않았다. 관람객들의 안전을 위해 난간을 설치한 것을 빼면 발굴 당시 모습 그대로 유지되고 있다.

목곽의 실제 크기를 가늠해 볼 수 있도록 중국인 현지 관람객들이 목곽을 올려다보고 있는 모습를 함께 촬영했다. 앞쪽에 보이는 유리창이 꼭 사람 키 정도 높이다.

한국엔 회곽묘,
중국엔 점토묘

　　드디어 미라를 전시해 둔 지하 전시 공간으로 들어섰다. 투명한 유리관에 미라를 넣고, 관람객들이 위쪽에서 미라를 내려다보도록 꾸며 두었다. 이곳 호남성 박물관의 가장 큰 자랑거리였다.

　　'세상에서 가장 보존 상태가 좋은 미라'라는 중국 박물관 직원의 자랑은 결코 허언이 아니었다. 피부에 시반시체에 생기는 검은 반점 하나 찾을 수 없었다. 포르말린 보존 용액에 담가 둔 탓인지 아래 잇몸 부분만 입술 밖으로 두툼하게 밀려 올라왔을 뿐, 피부의 색감이나 보존 상태는 한 곳도 흠잡을 곳이 없었다. 미라가 아닌, 죽은 지 며칠 된 시신을 보는 듯했다.

　　박물관 지하로 내려가자 드디어 마왕퇴 미라를 눈앞에서 볼 수 있었다. 투명한 유리관 안에 넣은 미라는 보존을 위해 포르말린 용액에 담그고, 주변에 밝은 전등을 켜 대중에게 수천 년 전 인물의 모습을 여과 없이 선보이고 있었다. 하지만 미라의 상태가 너무 깨끗해서 오히려 혐오감이 밀려왔다. 인간의 신체를 보고 있다는 자각이 강하게 느껴지자 '시체깨나 만져 봤다'고 자부하던 나도 한 손으로 입을 틀어막았다.

　　이런 미라가 어떻게 만들어졌을까. 한국 미라를 통해 수년간 '예습'하고

마왕퇴 발굴지에서 나온 미라의 모습. 피부에 검은 반점 하나 찾을 수 없이 보존이 잘 돼
있다. 유리관에 담아 대중에게 공개하고 있다. 박물관 측은 "미라를 완벽히 보존하기 위해
포르말린 용액에 몇 가지 성분을 더한 특수 보존처리액을 만들어 미라를 넣었다"고 설명
했다.

온 터라 이해도 쉬웠다. 박물관 직원의 설명을 듣고 있자니 국내에선 상상도 하기 어려운 규모지만 일단 구조 자체는 한국의 회곽묘와 비슷했다.

마왕퇴한묘는 한국 사대부 묘와 비슷하게 목관과 목곽을 사용했다. 하지만 회곽이 아니라 숯과 백색 점토로 무덤 주변을 감쌌다. 이 흙을 현지인들은 '백고니'라고 부르는데, 도자기의 원료가 되는 카오린이 주성분이다. 젖은 흙이 외부 공기를 철저하게 차단해 준다는 사실을 생각하면, 충분히 한국 무덤의 '회곽'을 대신할 법했다. 더구나 백고니를 채우기 전 목곽을 감싼 숯의 두께가 40~50센티미터로 무게만 총 5톤에 달했다니 이 역시 미라가 만들어지는 데 영향을 미쳤을 걸로 보였다. 점토로 만든 무덤 속에서 우연찮게 한국 미라와 똑같은 '공기 차단'이 이루어져 미라가 만들어진 것이다. 규모에는 큰 차이가 있지만 나무 관—나무틀—충진재 순서로 시신을 감싸 땅에 넣는 매장 문화는 비슷했다. 한국에서 그토록 답을 내지 못했던 '회곽묘의 구조'에 대한 의문증이 한 가지 풀린 셈이었다. 주자가 이런 중국 귀족들의 장묘 문화에서 영향을 받았을 확률은 높았다. 하지만 한 가지 의문점을 지우기 어려웠다. 마왕퇴 미라는 단순히 밀봉만 되어 있던 것일까? 2,000년 이상의 세월을 견디려면 무언가 다른 조건이 필요했다. 한국 미라가 회곽의 화학반응에서 발생하는 '열'로 살균 작용을 거쳤다면, 이 거대한 목곽묘는 어떤 살균 과정을 거친 것일까?

수은이 일으킨
기적

그 실마리를 얻고 싶어 일단 박물관 관람을 마치고 호남성 박물관 측 연구관에게 '마왕퇴 미라가 발견된 당시, 실제로 발굴에 참여한 전문가와 인터뷰를 하게 해달라고 했다. 미리 중국 진 소장을 통해 연락을 받은 듯, 섭비 연구원은 박물관 직원 가오지시高至喜, 고지희 호남성 박물관 연구관전 관장을 스스럼없이 소개해 주었다. 마왕퇴 한묘 발굴단 일원이었던 고지희 연구관은 처음 미라가 발견되던 당시의 상황을 생생히 기억하고 있었다.

"처음 관을 열었을 때 안에 물이 가득 차 있었는데, 썩지 않은 시신미라이 나오자 모두 크게 놀랐습니다. 하지만 마왕퇴 유적지 2호, 3호 무덤을 발굴했을 때는 시신이 모두 부패해 버려서 찾아볼 수 없었습니다."

무덤의 규모나, 형태, 발굴 장소까지 모두 대동소이한 상태에서 어떻게 한 곳에서만 미라가 나온 것일까? 한국의 회곽묘가 밀봉만 잘되어 있을 경우 십중팔구 미라가 나오는 것과 비교하면 무언가 과학적인 원인이 있을 법했다. 어떤 이유가 이런 차이를 만들었느냐는 질문에 고지희 연구관은 쉽게 답을 하지 못했다. 고고학자로 발굴에 참여한 고지희 연구관이지만 생화학적 상식까지 충분하리라 기대하긴 어려웠다. 질문을 조금 바꾸었다.

"무언가 시신을 살균할 만한 조건이 있었을까요?"

이 말을 들은 고지희 연구관은 "아마 수은 때문인지도 모른다" 하고 답했다. 시신이 차 있던 물의 성분을 분석해 보니 적잖은 양의 수은이 검출됐다는 것이다. 갑자기 궁금증 하나가 눈앞에서 해결되는 느낌이 들었다. 실제로 수은은 살균 효과가 크다. 중금속 오염에 따른 부작용이 알려지지 않은 과거에는 상처 치료제로 수은을 썼을 정도다. 고농도의 수은은 신체 기관을 상하게 만들지만, 무덤 속에서 물에 섞여 들어갔다면 충분한 살균 효과를 기대할 만했다. 다만 이 수은이 어디서 온 것인지는 아직도 중국학회의 논란거리다. 어디서 수은이 들어갔을 거라고 보느냐는 질문에 고지희 연구관은 "부장품으로 넣은 칠기 또는 실크 등에서 녹아 나왔거나, 당시 불로장생약으로 알려졌던, 수은 성분의 '신선단'을 장기 복용한 시신에서 녹아 나왔을 거라고 생각된다"며 "경위야 어떻든 수은 성분이 세균의 접근을 막았을 거라는 추측은 충분히 가능한 것 같다"고 덧붙였다. 실제로 마왕퇴 미라의 수은을 놓고 중국학계에선 의견이 분분한 것으로 보였다.

이날 저녁, 일단 취재를 마치고 박물관 관계자들이 초청한 저녁 식사 자리에 함께했다. 한국에서 취재 왔다는 기자를 위해 환영 간담회를 열어 준 것이다. 이 자리에서 한국의 미라, 중국의 미라의 차이점을 놓고 여러 가지 이야기를 주고받았다. 이 자리에서 고지희 연구관과 함께 마왕퇴 미라의 발굴에 참여한 유쥔췬游振群, 유진군 박물관 담당 중국 공산당 서기관 역시 고지희 연구관과 같은 말을 했다.

"시신을 오랫동안 보관하기 위해 일부러 방부 처리를 했을 거라고 보는

세계 고고학계에서 큰 관심을 받고 있는 '마왕퇴' 미라의 생전 모습. 중국 30대 여성의 모습으로 복원했다. 중국 호남성 박물관에 전시 중이다.

학자도 적지 않습니다."

이날 저녁 간담회는 유진군 서기관을 비롯해 박물관 주요 인사 너덧 명이 함께한 자리였다. 박물관의 주요 인사가 모두 나와 반겨 준 것으로, 기자로서는 큰 환대를 받은 셈이다. 개인적인 취미를 겸해 한국의 미라를 탐사하고 있으니, 중국에서 도움이 될 만한 정보가 필요하면 언제든지 연락을 달라고 말했다.

취재를 마치고 돌아온 후, 그다음 달 발간된 월간 《과학동아》 2011년 6월호를 통해 한국 미라와 중국 미라를 상세히 비교해 소개했다. 이 잡지 두 권을 국제우편으로 박물관 측에 보내 주었고, 박물관 측은 3년이 지난 지금까지 해마다 연하장을 보내 주고 있다. 과학기자 하는 보람이 이런 게 아닌가 싶은 생각이 들 정도로, 적이 보람된 취재 중 하나였다.

섭비 연구원과 유진군 서기관에게 언제고 또 만나자며 약속했지만, 바쁜 일정상 아직도 중국을 다시 찾지 못하고 있다. 하지만 지금도 틈만 나면 호남성 박물관을 다시 찾아가, 그들과 만나 이 책을 전해 주고 빚졌던 식사 대접을 하고 싶다. 그들에게 받은 환대는 평생 잊지 못할 것이다.

또 다른 미라를 찾아
호북성으로

마왕퇴 미라에 관심을 가진 이유는 한
국 미라와 생성 원인이 비슷하기 때문이다. 마왕퇴 유적지 같은 중국의 장
묘 문화가 자체적으로 발전하다가 주자의 사상에 영향을 미친 것은 아닐
까? 마왕퇴 미라와 같은 구조의 무덤에서 형성된 또 다른 미라는 없는지
확인하고 싶었다. 마왕퇴 미라처럼 목곽묘와 숯 그리고 점토를 쓴 장묘 방
식이 여럿 있다면, 이런 장묘 무덤은 중국의 문화라고 생각해도 무방하다.
이런 곳에서 발굴된 미라가 또 있다면 그 미라 역시 살펴보아야 했다.

취재 때는 현지 전문가들에게 정보를 받는 것만큼 확실한 것도 드물다.
섭비 연구원에게 "중국에 마왕퇴 미라와 비슷한 미라는 없느냐"고 묻자
"멀지 않은 곳에 한 구 더 있다"고 말했다. 마왕퇴 미라만큼은 못하지만 무
덤의 구조 등은 매우 비슷해 참고가 가능하다고 했다. 박물관 직원이 추
천한 곳은 호북성 징저우荊州, 형주 시에 있었다. 나관중의 소설 《삼국지연
의》에서 유비가 거점으로 삼은 바로 그 도시다. 가까운 거리라지만 한국
사람 입장에서야 어디 그런가? 중국 사람들이 '가깝다'는 곳은 자동차로
하루 이상을 달려가야 한다. '바로 옆'이라는 말을 들으면 서울과 대전보다
더 거리가 먼 경우도 허다하다. 회사에서 허락받은 중국 출장 기한은 5일

168호분 미라가 출토될 때 관 주변을 감싸고 있던 목곽의 모습. 부장품을 함께 담은 맨 바깥 쪽 목곽과, 실제로 시신을 담았던 관까지 고려하면 시신을 보존하기 위해 4중으로 밀봉을 한 셈이 된다.

168호분 미라가 발굴된 맨 바깥쪽 목곽. 관을 넣는 공간과 각종 부장품을 넣는 공간이 분리돼 있다. 마치 아파트 처럼 잠을 자는 공간과 거주 공간을 나누어 생각한 것이다.

남짓이라 시간을 최대한 쪼개 써야 했다. 갑자기 생각지 못한 장거리 이동을 요구받고 투덜대는 현지인 통역에게 "팁을 듬뿍 줄 테니 나와 함께 형주로 가자"며 꼬드겼다. 애초에 돕기로 한 날짜는 1박 2일뿐이었고, 회사에서 제공받은 통역비도 이틀분 정도였다. 추가 취재를 위해 개인 호주머니 돈을 털 수밖에 없었다.

통역은 40대의 조선족 남자로, 현지 여행가이드 일을 겸하고 있었다. 한국어와 중국어를 둘 다 능숙하게 잘할 뿐 아니라, 공식적인 자리에서도 예의를 지키며 업무를 처리할 줄 알았다. 그가 없었다면 이런 모험을 감행할 생각도 하지 못했을 터였다. 그와 함께 찾아갈 길을 수소문하고, 교통편을 찾아보며 중국 시내를 누볐다. 덜컹거리는 중국 완행버스를 타고 7시간을 달려갔다. 차량은 낡아서 매연이 풀풀 들어왔고, 좌석은 곳곳에 오물이 묻어 있어 악취가 심하게 났다. 한국에서라면 잠시라도 앉아 있기가 힘들 버스였지만 다른 방법이 없었다.

이곳 형주까지 찾아온 이유는 한 가지다. '징저우시 보우관荊州市 博物館, 형주시 박물관'에 전시 중인 '168호 미라'를 보기 위해서다. 호남성 박물관처럼 전문가들의 인터뷰를 요청하긴 어려웠다. 사전 취재 협조 요청이 되어 있지 않은 데다 주말에 갑자기 방문한 까닭이다. 어쩔 수 없이 비용을 내기로 하고, 내부 사정을 잘 아는 전문 학예사를 요청해 설명을 해달라고 했다. 통역과 함께 학예사 사무실을 찾아가 "한국에서 취재 온 기자이니 이곳에 전시 중인 미라를 가장 잘 아는 경험 많은 사람이 설명을 해달라"고 졸랐다. 안내를 맡아 준 학예사는 "이 미라는 살아생전 우다이푸五大夫, 오대부라는 관직을 지냈다. 현재의 시장, 도지사 같은 지방관"이라고 소개했다. 중국의 규모를 생각하면 적잖은 권력을 가졌던 인물이라고 추측할 수 있었다.

168호 미라는 1975년 6월 8일, 형주시 인근 장링江陵, 강릉 현 추도우지난성楚都南城, 초지남성에서 발견됐는데, 죽은 날짜로 따지면 중국 역사상 가장 오래된 미라라고 한다. 하지만 실제로 사망한 시기는 마왕퇴 미라와 몇 십 년밖에 차이 나지 않는다. 그 때문에 무덤 규모가 훨씬 크고 부장품 등이 훨씬 화려하고 다른 볼거리가 많은 마왕퇴 미라에 비해서는 인지도가 낮은 편이다.

168호 미라가 발견된 초지남성은 동초우東周, 동주 시대, 즉 중국 춘추전국 시대에 초나라 도성이었던 곳이다. 이 지역은 한나라 시대 들어 고급 관리들의 묘지로 쓰였는데, 180여 개의 무덤이 존재한다. 이 지역에서 발견한 168번째 무덤이라는 뜻에서 '168호분 미라'라고 불린다. 무덤에서 부장품으로 '수이'라는 이름의 도장이 발견돼 흔히 '수이 선생'이라는 애칭으로 불리기도 한다.

미라는 피부 곳곳에 검붉게 변한 자국이 있었지만 보존 상태는 비교적 우수했다. 전체적인 피부는 하얬다. 미라 발견 후 부검을 한 다음, 내장 기관과 뇌를 꺼내 같은 유리관 속에 함께 전시해 뒀다. 180여 개나 되는 무덤 중 이 미라만 발굴된 이유가 궁금했다. 질문을 받은 학예사는 "왜냐하

면, 파헤친 무덤이 이 무덤뿐이었거든요"라고 답했다. 이 미라는 1975년 당시 고속도로를 건설하던 중 발견했는데, 고속도로 건설 구간 한가운데에 자리하고 있어 어쩔 수 없이 발굴했다는 것이다. 그는 "남은 180여 개의 무덤 속에 또 어떤 미라가 있을지 알 수 없는 일"이라고 덧붙였다.

168호분 무덤은 규모가 작을 뿐, 기본 구조는 마왕퇴한묘와 똑같았다. 다만 목곽이 4중이 아니라 2중이었고, 적잖은 크기의 관도 보였다. 무덤의 주변을 숯으로 감싼 점이나 그 주변을 다시 점토로 채운 점도 똑같았다. 다만 무덤 주변을 백고니 대신 청고니청색 점토를 써서 채운 점만은 달랐다.

그렇다면 이번 탐사의 최대 관건인 살균 작용은 어떤 원리로 이뤄졌을까? 박물관 안내를 담당한 학예사에게 "혹시 발굴 당시 관 속에서 수은 등이 발견됐느냐"고 묻자 "관 속에서 물이 고여 있는 곳이 많았는데 이 물을 화학적으로 분석해 보니, 주사朱沙, 硃沙라고도 쓴다라는 광물질 가루가 녹아 있었다는 기록이 있다"고 대답했다. 주사라는 말을 듣자 머릿속에 '그러면 그렇지'라는 생각이 스쳐 지나갔다. 공기가 차단된 미라는 살균 과정을 거쳐야 미라로 보존될 수 있다는 사실을 보여 주는 또 다른 증거를 찾아낸 것 같은 느낌이 들어 무척 만족스러웠다. 주사는 수은과 사촌뻘인 물질이

168호 고분에서 발굴된 미라. 입안에서 발견된 도장에 '수이(燧)'라는 글자가 적혀 있었다. 이름에 흔히 쓰는 한자로 '수이선생'이라는 별명이 붙어 있다. 60세 정도에 사망했으며 폐질환을 앓은 것으로 밝혀졌다.

다. 단사, 단주, 진사 등 여러 가지 이름으로 불리는 물질로, 수은으로 이루어진 황화광물이다. 흔히 덩어리 모양으로 점판암, 혈암, 석회암 속에서 발견되는데, 기본 물질 구조는 수은과 다르지 않지만 황과 결합해 진한 붉은색을 띠며 광택이 난다. 과거에는 붉은색 글씨를 쓰는 염료 등에 쓰였다. 기본적으로는 수은이나 마찬가지니 살균력도 강하다. 강한 살균 효과 때문에 약재로 쓰였다는 기록도 찾아볼 수 있다.

개인적인 식견이 부족해서일 수도 있지만, 여러 곳의 중국 현지 탐사와 고고학 전문가들을 통해 살펴본 두 구의 미라를 제외하면, 한국의 '회곽묘'와 생성 원인이 같은 미라에 대한 정보는 접하지 못했다. 중국에서 발견된

168호 고분에서 발견된 미라의 입속에서 발견한 도장. 수이(遂)라는 글자가 적혀 있었다. 당시 이름에 흔히 쓰는 한자였다. 이 때문이 이 미라를 '수이선생'이라는 별명으로 부르는 사람도 많다.

미라는 건조한 기후 때문에 그대로 썩지 못하고 바싹 마른 경우가 대부분이다. 실제로 중국 서북쪽 지역, 신장웨이우얼자치구新疆維吾爾自治區, 신강유오이자치구 지역은 건조한 사막기후에서 만들어진 미라를 여러 구 전시하고 있다.

2012년 여름, 이 신장웨이우얼자치구 일대를 여름휴가를 내서 답사한 적이 있다. 이곳 역시 미라로 유명한 지역이기 때문이다. 이곳의 신장웨이우얼자치구 보우관新疆維吾爾自治區 博物館, 신강유오이자치구 박물관 역시 다수의 미라를 전시하고 있었다. 이 지역은 흔히 '실크로드'라고 부르는 중국 고대 무역로 한복판에 자리했다.

고대 중국과 유럽이 교역을 주고받던 관문 같은 지역으로, 실제로 흰 피부에 골격이 커다란 서구인 같은 인종, 그리고 그들과 중국인들의 혼혈 종족들도 집단을 이루고 사막기후에 적응해서 살아갔다. 그런 '서역인'들의 미라를 볼 수 있는 곳은 중국에서 실제로 이곳뿐이다.

이왕 답사를 간 김에 짬을 내어 이 지역에 있는 여러 고분, 고성 등도 찾아다니며 살펴보았다. 강렬한 태양과 모래땅, 그 속에서 교역과 문화를 이뤄 가며 만들어 낸 그들만의 문화를 살펴본다는 것 자체로도 큰 의미가 있었다. 그들은 사막에서 살아갈 집을 만들기 위해 사암을 파 들어가 집을 만들었다. 넓은 사막 지역에서 교역을 하며 살아가다 보니 부족마다 장례문화도 조금씩 차이가 있었는데, 이슬람 문화를 많이 받아들여 돌을 깎아 만든 공동묘지를 만들기도 했고, 중국식으로 관을 만들어 땅을 파고 무덤을 만들기도 했다. 강렬한 태양빛에 견딜 수 있도록 움집 형태의 무덤을 만든 곳도 있었다.

'중국 미라의 종합관' 같은 느낌을 받았지만 탐구하던 주제와는 차이가 났다. 물론 사막 지역에 살던 사람들의 문화, 그들의 매장 문화를 살펴보는 것도 과학적, 역사적으로 큰 의미는 있었다. 그러나 이렇게 많은 무덤과 유적지, 박물관을 두루 살펴보아도 한국 미라와 공통점을 발견하기는 어려웠다. 대부분의 미라는 건조한 사막기후 때문에 미라가 바싹 말라 수분이 없이 보존된 경우로, 남아메리카 등 사막 지역이 많은 곳에서 자주 발견되는 미라와 생성 원인 면에서 큰 차이가 나지 않았다.

실제로 한국 미라와 같이 '공기 차단'을 주원인으로 만들어진 미라는 대단히 찾기 어렵다. 적어도 지금까지 조사하고 취재한 상식에서는, 외국의 미라 중 한국 미라와 생성 원인이 똑같은 것은 마왕퇴 미라와 168호 고분 미라뿐이라는 확신을 갖고 있다.

그 까닭은 무덤의 구조에 있다. 중국에서 일반 서민층이 아닌, 대규모의 목관과 점토 무덤을 만들 수 있는 계층은 한정돼 있다. 설사 이런 무덤을 만들었다고 해도 그 안에서 우연찮게 살균 작용이 이뤄진 경우만 미라가 발견되는데, 그런 사례를 손쉽게 찾기란 결코 쉬운 일이 아니었다. 하지만 한국은 다르다. 우리나라 전통의 회곽묘는 어디서나 발견된다. 중국에선 박물관을 지어 전시할 만한 특이한 미라가, 우리 한국에는 산 하나만 작정하고 조사하면 수십 개 이상이 쏟아져 나온다는 뜻이다. 한국의 회곽묘 미라가 세계 미라 중에서 얼마나 이질적인지, 얼마나 역사·문화적으로 큰 가치를 가지고 있는지 다시 생각해 보게 하는 부분이다.

신장웨이우얼자치구 아스타나 고분군에서 만난 미라의 모습.

아스타나 고분군 주변과 무덤 입구 등을 촬영했다. 아스타나 고분군은 트루판이라고도 불리는 이곳 신장 지역의 옛 공동묘지다. 널방[墓室]에서는 묵서(墨書)·묘지명(墓誌銘)·토우(土偶)·견직물을 비롯해 사산왕조 페르시아의 화폐 등 많은 유물이 출토되고 있어 이 지역이 동서 교섭사상 중요한 요지라는 증거가 되기도 한다. 내부 석실에는 사막지역에서 만들어진 미라가 다수 전시되고 있다. 한국 미라와의 공통점을 찾아보긴 어렵지만 미라와 중앙아시아 역사에 관심이 많은 이들의 주목을 받고 있다.

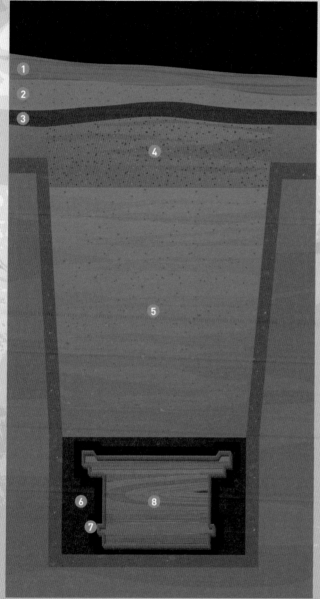

① 무덤을 덮고 있는 표층토.

② 무덤이 만들어진 후 오랫동안 흙이 쌓여 만들어진 퇴적토.

③ 다진 흙.

④ 오화 토.

⑤ 푸른 빛이 나는 진흙(靑灰泥). 무덤 대부분을 채우고 있다.

⑥ 마왕퇴 무덤이 백고니를 쓴 반면, 168호 고분 묘는 청고니(靑膏泥)라 는 푸른 점토를 썼다.

⑦ 마왕퇴 무덤처럼 숯을 목곽 주위에 두른다. 습기를 방지하고 부패를 막 는다.

⑧ 목곽에는 이중 관이 들어갔고, 미라 와 다수의 유물도 발굴됐다.

168호 고분의 무덤구조

한국 장묘 문화,
어디서 왔을까

장묘 문화는 중국과 우리나라가 많이 비슷하다. 수의를 지어 입히고, 염을 해서 나무로 짠 관에 넣는다. 얼핏 관만을 보기엔 구분이 잘 가지 않을 정도다. 하지만 귀족층의 장묘 문화에선 그 규모 면에서 큰 차이가 난다.

회곽묘 문화가 정착되기 전, 한국의 귀족 계층은 고조선 시대부터 전해져 내려온 석실 매장 문화를 따랐다. 전장에서 언급했듯, 고조선 땅을 한나라에 빼앗긴 후, 한나라가 직접 관리하던 '낙랑' 지역에서 천축분이라는 최초의 벽돌무덤 방식이 등장한 것이 효시다. 이 무덤 양식은 계속 발전해 오다 삼국을 거쳐 고려 시대까지 이어진다. 조선 시대에 갑자기 등장한 회곽묘는 여러모로 우리나라만의 독창적인 양식이 많이 가미돼 있지만, 기본 형태는 어디까지나 《주자가례》를 참고로 만들어졌다. 그리고 이번 취재 결과 밝혀졌듯, 중국 창장長江, 장강 이남 지역의 귀족 무덤과도 닮은 점이 많다. 우리나라는 귀족층이 석실 장묘 문화를 유지하다가 회곽묘로 바뀐 반면, 중국 장강 이남 지역은 목관묘를 채택하고, 대신 규모를 달리해 주변을 점토로 감싼 커다란 무덤을 지은 것인데, 결과적으로 비슷한 형태로 남게 됐다.

의문이 드는 점은 중국 북부 지역으로 넘어온 우리나라 매장 문화가 왜 회곽묘로 바뀌면서 남부 지방의 매장 문화와 닮아 갔느냐는 점이다. 더구나 주자는 신안 사람으로, 장강 남쪽인 호남성, 장시성 지역이 아니라 호북성에서도 한참을 더 올라간 산시성 지역 사람이다.

국내 사학자들은 대부분 인정하지 않지만, 중국 남부 해안가, 한반도 일부, 일본으로 이어지는 또 하나의 문화 전파 경로가 있다는 설도 있다. 중국 현지에서 살펴본 두 구의 미라는 모두 중국의 장강 이남 지역에서 찾아볼 수 있는 장묘 형태다. 장강 이북 지역에서도 미라가 발견되지만 생성 원인이 다르다. 이 지역은 보통 건조한 기후여서 한국 미라와 같은, '공기 차단과 살균' 과정을 통해 생성되지 않는다.

목곽묘 전문가인 신용민 동아세아문화재연구원 원장은 "아직 검증받은 것은 아니지만, 통나무 무덤 양식커다란 통나무를 파내 목곽으로 쓰는 장묘 형태 등 일부 매장 문화에서 그런 증거를 찾을 수 있다"면서 "한국의 주류 문화는 내륙에서 전파됐지만, 해안가를 통해 한·중·일 삼국 간에 문화가 오갔다고 생각할 만한 유물도 드물게 출토되고 있다"고 말했다. 한국의 회곽묘 문화는 어디서 왔을까? 과연 회곽묘는 1,500년의 시간을 넘어 해안가 문화를 따라 한국으로 넘어온 중국 점토묘의 변형일까, 아니면 주자의 독창적인 아이디어였을까? 조선 시대 우리네 조상들의 타임캡슐인 미라와 회곽묘는 여전히 그 신비로움을 감춘 채 과학자와 고고학자들의 손길을 기다리고 있다.

쓰시(濕屍)와 간시(干屍)

- 중국 미라를 구분하는 두 가지 이름

중국에서는 미라를 부를 때 흔히 '쓰시'와 '간시'라는 말을 쓴다. 쓰시란 젖어 있는 시체, 간시란 말라 있는 시체라는 뜻이다. 보통 물이 귀한 장강 이북에서 발견된 미라는 대부분 간시다. 목관에 넣어 시신을 매장하면 땅속에서 그대로 건조돼 미라가 되는 식이다.

반대로 생각하면 장강 이남에선 쓰시가 많을 것 같지만 사실과 다르다. 장강 이남에선 오히려 미라 자체를 찾기 어렵다. 평민 가문에서 마왕퇴한묘나 168호 고분 같은 대규모 무덤 시설을 구축할 수는 없었다. 보통은 관에 넣어 회곽 등이 없이 그대로 매장했고, 덥고 습한 기운 때문에 대부분 부패해 미라로 남기 어려웠다. 드물게 자연 조건과 살균 조건이 합쳐져 한국 미라와 비슷한 '썩지 않는 젖은 미라'로 발견된 경우에만 쓰시라는 명칭을 붙일 수 있는 것이다.

중국 호북성 형주시 박물관에서 만난 학예사는 "오래된 무덤을 발굴해 보면 관과 옷은 남아 있는데, 안에 있는 시신은 뼛조각 하나 남지 않은 경우가 많다"며 "반대로 건조한 장강 북쪽, 특히 타클라마칸 사막이 있는 신강유오이자치구 등에선 미라가 자주 발견된다"고 설명했다.

현장 취재를 갔을 때, 호북성 형주시 박물관에서는 또 한 구의 미라를 특별 전시하고 있었다. 박물관 측이 굳이 이 미라를 특별 전시까지 한 이유는 장강 이남에선 드물게 발견되는 '간시'였기 때문으로 보인다. 보존을 위해 포르말린 용액에 담가 두었기 때문에 피부는 다시 부드러워졌지만 바짝 마른 미라는 온몸이 딱딱하게 굳어 허리가 들려 있다.

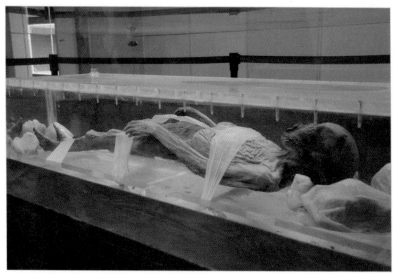

중국 후베이성 징저우시 박물관에서 특별 전시 중이던 여성 미라. 살아생전 승려였던 것으로 기록돼 있었다. 창장강 이남에선 드물게 발견되는 '간시'다.

제 7 장

우리 땅 어디에나
미라는 있었다

_ 대한민국 미라 출장기 _

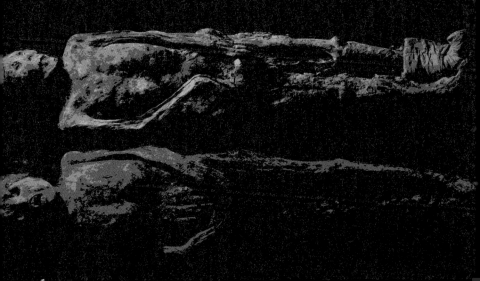

"길 가다 보면 주변에 무덤이 얼마나 많습니까? 이런 무덤은 태반이 조선 시대 때 만든 것입니다. 시골 야산 하나만 작정하고 조사해도 무수한 미라가 나온다는 뜻이지요."

많은 사람들이 '한국 미라' 이야기를 하면 "이집트도 아니고 우리나라에 무슨 미라가 있느냐"고 반문한다. 신문이나 텔레비전 뉴스를 보면 가끔 미라가 발견됐다는 소식이 나오지만 '어쩌다 있는 신기한 소식' 정도로 여긴다. 하지만 실상은 이와 다르다. 우리나라엔 사실 수없이 많은 미라가 있다.

그런데도 왜 미라를 찾아보기 어려울까? 조상의 육신을 귀중하게 여기는 우리나라 정서 때문이다. 우리나라 사람들은 부모가 죽으면 무덤을 만들어 무덤 자체도 극진히 관리한다. 사실상 무덤을 파볼 기회가 그리 많지 않다는 뜻이다. 상황이 이렇다 보니 어쩌다 무덤을 이장하는 과정에서 썩지 않은 시신^{미라}이 나오면 매우 불경스럽게 생각한다. 아직까지 조상의 육신이 썩지 않았을 경우 가문에 좋지 못한 일이 일어날 징조라고 생각하기도 한다. 이런 미라를 연구 용도로 기증해 달라는 말을 들으면 많은 후손들이 "수백 년 동안 고생한 조상님의 육신에 다시 칼을 대겠다는 거냐"고 말하며 크게 화를 내는 경우를 어렵지 않게 볼 수 있다. 그러니 미라 연구자들에게 이런 수많은 미라는 대부분 '그림의 떡'일 수밖에 없다. 미라의 숫자가 아니라, 미라가 발견됐을 경우 일반 시민의 태도와 반응이 문제라는 것이다.

이 땅에
미라가 많지 않은 까닭

　　　　　　　　　우리나라는 실제로 미라가 발견되어도 연구에 활용되지 못하고 그대로 다시 매장하거나 화장하는 경우가 적지 않다. 앞서도 한 차례 언급했듯이, 지난 2011년 5월 4일, 대전 쓰레기 매립장 조성 공사 현장에서 미라 4구가 거의 원형에 가깝게 발견됐지만 후손들이 그날 즉시 화강했다. 다만 복식과 부장품만 권영숙 교수팀이 수거해 복원하고 있다. 비슷한 일이 거의 매년 일어나는 것으로 보인다.

　《동아일보》등 언론에 따르면 2002년 10월 10일 충남 태안군 태안읍 삭선2리 소재 의령 남씨宜寧南氏 공동 묘역에서 300여 년 전 미라가 발견됐다. 당시 자료를 살펴보면 피부색까지 살색으로 보존된 온전한 미라였다. 이 미라는 살아생전 가선대부嘉善大夫이자 삼도통제사三道統制使를 지냈던 '남오성南五星, 1643~1712'이었다.

　삼도통제사라면 종이품 직위로, 지금의 군 참모총장 정도에 해당하는 고위직이다. 조선 시대 사람으로는 보기 드물게 키가 190센티미터 가량으로 아주 컸는데, 미라의 키가 조금 줄어드는 것을 감안하면 살아생전 거의 2미터에 가까웠을 것이다. 보존 상태가 매우 좋고, 신체적으로도 특이한 사례였던 만큼 이 미라의 유전적 특징 등을 조사해 본다면 얼마나 많은 정보를 얻을지 알 수 없었다. 하지만 후손들은 이 미라를 바로 화장했다. 2006년 전남 장성군에서도 미라가 발견됐지만 마찬가지였다. 2011년 발견된 안정 나씨 미라도 화제가 됐던 한글 편지, 습의襲衣 등의 유물만 거두고 재매장했다.

2014년 11월에도 새롭게 한 구의 미라가 발견돼 화제가 됐다. 11월 1일 대전 서구 갈마아파트 뒷산에서 발견됐는데, 대전시립박물관에 따르면 이 미라는 족보 등으로 미루어 500년 전인 조선시대 미라로 보였다. 보기 드물게 조선 초기 매장된 미라로 과학적 가치가 컸을 터였다. 미라는 생전 조선조 중종대 인물인 단양 우씨 우백기禹百期인 것으로 추정됐다. 하지만 사람들은 부장품만 갈무리한 후 미라는 즉시 재매장했다. 다시 회곽묘에 안치하는 것이 아니니 아마도 수년이 지나면 백골로 남게 될 것이 자명했지만 후손들의 의지를 꺾기는 힘들었다.

류용환 대전시립미술관장은 "언론에는 알려지지 않았지만 우백기 미라에 이어 11월 12일 충청남도 예산 대흥 지역에서도 미라가 한 구 발견됐는데, 살아생전 '김이규'란 이름으로 불렸던 인물로 순조純祖, 1790~1834 당시 사망한 인물로 보인다"며 "이 미라 역시 후손들이 즉시 매장했다"고 설명했다.

김이규 미라처럼 언론 등에 알려지지 않은 상황까지 고려한다면 미라는 굉장히 자주, 꾸준히 발견되고 있다. 그러나 대부분 연구용으로 활용되지 못하니 알려진 미라의 숫자가 몇 개 안 된다는 것이다. 류용환 대전선사박물관 관장은 "매년 수십 차례 미라가 발견되지만 연구용으로 기증되는 경우는 1년에 서너 구가 채 안 될 것"이라고 설명했다.

한국의
연구용 미라 총정리

이런 문제로 한국엔 이름이 알려진 미라가 몇 개 없다. 가문에서 흔쾌히 미라를 연구용으로 기증한 경우, 오랜 시간이 흘러 연고를 찾아보기 어려운 미라 등이 겨우 연구용 미라로 남는다. 그러니 서울대학교와 고려대학교, 단국대학교 등 우리나라 대표적인 연구팀이 조사한 미라를 모두 합해도 많아야 20~30구다. 이 중 언론의 관심을 받아 공개된 미라는 10여 구뿐이다.

한국 미라에 대한 총정리를 한다는 생각으로 시작한 만큼, 이 10여 종의 연구용 미라에 대한 간략한 정보와 사진을 아래에 정리한다. 미라 하나하나, 저마다의 역사를 품고 있지 않은 것은 없다. 한국 미라를 끊임없이 연구해야 하는 까닭도 여기에 있지 않을까?

단웅이 미라—대한민국 미라 연구의 지평을 연 소년

이 미라를 빼놓고 한국의 미라 연구를 논하기 어렵다. '단웅이'는 지난 2001년 11월 경기 양주군 해평 윤씨 가문 무덤을 이장하던 중 거의 온전한 형태로 발견된 소년 미라로, 사실 국내 연구용 미라의 원조 격이다. 미라 발굴 자체가 드물던 시절이다 보니 썩지 않은 소년 미라가 발굴됐다는

사실 하나로 국내외에 큰 반향을 얻었다. 단웅이 미라의 의학적 검사와 고고학적 조사 결과를 바탕으로 해평 윤씨 측은 1600년대 말 일찍 세상을 뜬 '윤호'라는 인물로 추정하고 있다. 하지만 아직 정확한 신원은 밝혀지지 않은 상태다.

방사성 탄소[14C]를 이용해 연대를 측정한 결과 400년 전의 것으로 밝혀졌으며, 사망 시 나이는 6살, 사망 원인은 결핵 감염으로 알려졌다. '단웅'이라는 이름은 단국대학교의 '단' 자와 곰 '웅熊' 자를 합성해 붙인 것이다. 처음 발굴과 주도적인 연구를 진행하던 팀이 단국대학교 의료진이었기 때문이다. 서민 단국대학교 의대 해부학과 교수 등이 관련 분야 기생충 연구로 유명하다. 단국대학교 연구진은 이 미라를 최적의 보관 온도인 4℃에서 보관하고 있으며, 2006년 4월 서울역사박물관에서 5일 동안만 한시적으로 전시하는 등 대중에게는 매우 제한적으로 소개하고 있다.

학술적 미라 연구 분야의 선두 주자 격인 서울대학교 신동훈 교수 역시 단국대학교 재직 시절 단웅이 연구를 계기로 아직까지 '미라 학자'의 길을 걷고 있다. 국내에서 사실상 유일하게 '고병리학'을 주제로 정해 일생을 미라 연구에 매진하는 과학자다. 언론에서는 신 교수를 '고고학 하는 의사'라고 칭하기도 한다.

파평 윤씨 모자 미라—아이를 낳다 사망한 불운의 주인공

단웅이 미라가 발견되고 1년 후, 우리나라 미라 연구는 일대 전기를 맞았다. 2002년 9월 9월 경기도 파주시 교하읍 파평 윤씨 정정공파 묘역에서 발견된 미라의 주인공이 조선 전기 세도가 윤원형의 종손녀이기 때문이었다. 이 미라에 고려대학교 측은 '파평 윤씨 모자 미라'라는 이름을 붙였다. '윤미라'라는 애칭으로 불리기도 한다.

이 미라는 사실 살아생전 내단히 높은 신분이었다. 이 미라는 역사책을 다시 쓸 만한 고고학적 성과도 내놨다. 연구진은 이 미라의 주인공이 누군지 밝혀내기 위해 파평 윤씨 가계를 조사했는데, 《조선왕조실록》에 문정왕후 윤씨의 동생으로 기록된 미라의 조부 '윤원량尹元亮'이 사실은 문정왕후의 오빠임을 밝혀내기도 했다. 당시 발굴단은 윤미라와 함께 발굴된 묘비와 족보, 그리고 각종 유물을 조사하는 과정에서 역사 기록을 면밀히 비교한 결과 실록의 기록이 틀렸다고 보는 것이 더 타당하다는 사실을 밝혀낸 것이다.

문정왕후는 윤원개, 윤원량, 윤원필, 윤원로, 윤원형 등 5형제가 있었다. 이 중 윤원개와 윤원필 등은 그녀의 오빠임이 확실했지만, 윤원량은 《조선왕조실록》에 따라 동생으로 알려져 왔다.

발굴단은 무덤에서 발굴된 각종 유류품에 적힌 기록, 족보 등을 면밀히 비교한 결과, 이 여성 미라가 '윤원형'의 형 '윤원량'의 아들 소紹의 딸로 보인다고 밝혔다. 이 사실은 윤원형보다 동생인 문정왕후는 마땅히 윤원량보다 동생이라는 의미이다.

이 미라의 가장 큰 특징은 뱃속에 태아를 품은 '임신부 미라'라는 점. 골반뼈가 열려 있고, 아이의 머리가 미라의 질 입구 쪽에 걸려 있던 것으로 미루어 출산 중 진통을 견디지 못하고 사망한 것으로 보고 있다. 세계에서도 유례를 찾기 힘든 '출산 중 사망한 미라'라는 점에서 국내외 학계의 큰 관심을 얻었다. 당시 의료진은 미라의 신장은 153.5센티미터로, 자궁 내에서 정상적으로 자란 남자 태아가 발견됐으며, 모체의 자궁 부위에서 방사상 파열과 광범위한 출혈 소견이 관찰된다고 밝혔다. 분만 시 자궁파열에 의해 피를 너무 흘려 저혈성 쇼크로 사망한 것 같다는 것이다. 이 연구에는 우리나라 양대 미라 학자로 꼽히는 김한겸 교수가 참여했다. 당시 미라의 발굴과 조사는 고려대학교 의대 및 박물관 팀이 맡았는데, 당시 최광식 고려대학교 박물관 관장은 언론을 통해 "미라의 주인공은 20대 초중반으로 보이며, 친정에서 출산하는 도중 사망한 것 같다"며 "관에 들어 있던

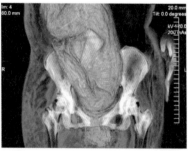

출산 중 사망한 것으로 확인돼 학계의 큰 관심을 얻었던 파평 윤씨 모자 미라의 모습. 그리고 윤씨가 태아를 복중에 품고 있는 모습을 검사 장비로 촬영해 만든 3차원 영상사진.

한글 묵서에 '병인윤시월'이라 기록된 점으로 미뤄 사망 연도가 1566년으로 추정된다'고 밝힌 바 있다.

파평 윤씨 모자 미라는 국내 미라 연구 사상 가장 다양하고 많은 연구가 이뤄진 미라 중 하나로 꼽힌다. 고려대학교 박물관은 2003년 40회 특별 전시회로 '파평 윤씨 모자 미라 및 출토 유물전'을 열고, 다양한 연구 성과와 발굴 성과를 전시했다. 이 당시 고려대학교 측은 《파평 윤씨 모자 미라 종합연구 논문집》을 역시 정리해 내놨는데, 총 19편에 달하는 복식, 고고학, 의학, 과학적 연구 논문을 정리해 묶은 것으로, 한국 미라 연구사에 남을 만한 수작으로 평가되고 있다. 물론 파평 윤씨 모자 미라는 그 이후에도 다양한 미라 연구에 두루 활용되고 있다.

흑미라, 봉미라—치과 연구에 기여한 두 명의 여성

이 두 미라는 2006년 고려대학교 연구팀이 CT로 전신 검사를 하면서 알려졌지만 실제로 발견된 건 훨씬 이전이다. '흑미라'는 2003년 일산에서, '봉미라'는 2003년 안산에서 발견됐다. 함께 검사를 받은 파평 윤씨 모자 미라윤미라가 많은 주목을 받은 탓에 크게 조명받지는 못했지만 다양한 연구 자료로 활용됐던 미라다. 파평 윤씨 모자 미라는 신분이 명확했던 반면, 흑미라·봉미라는 도로 공사나 택지 정리 중 우연히 발굴된 무명의 미라라서 연고가 없었고, 출신 가문에 대한 문헌 정보도 전무하다는 점에서 그만큼 대중의 관심을 끌지는 못한 것으로 보인다.

흑미라는 발굴 당시 유난히 피부색이 검게 변해 있었기 때문에 붙여진 별명이다. 사망 시 나이는 치아 감별 결과 64세 정도로 추정됐으며, 발굴 당시 복장이나 무덤 형식 등으로 미루어 짐작했을 때 임진왜란 시기 전후나 조선 초기 이후에 매장됐을 걸로 보고 있다. 봉미라는 발굴 당시 신고 있던 버선에 '봉' 자가 적혀 있어 이 같은 별명을 얻었다. 봉미라는 오른쪽 발목이 부러져 있어서 발굴단은 애써 버선을 벗기기 않고 보관하고 있다. 역시 임진왜란 전후에 매장된 것으로 보이며, 사망한 나이는 51세 정도로 조사됐다.

가장 주목할 만한 연구 성과는 2008년에 치과 전문의인 정광호 원장이 김한겸 교수, 하승연 가천의과학대학 길병원 병리과 교수[책임 저자] 등과 공동으로 쓴 〈치아 교모도에 의한 미라 연령 추정, 3차원 CT 영상의 적용〉 논문이다. 이 논문은 흑미라, 봉미라 두 구의 미라와 파평 윤씨 모자 미라를 연구해 썼다. 국내에서 미라의 사망 시기를 밝히는 방법을 제시해 많은 호평을 받았다. CT 영상으로 치아의 모습을 컴퓨터에서 재구성한 다음, 이 치아의 마모도를 살펴 사망 시 연령을 추정하는 방법이다. 특이한 점은 흑미라의 몸에서 발견된 금속 흔적이다. 이 미라는 처음 발견됐을 때 왼쪽 어깨가 심하게 뒤틀려 있었는데, 외견상으로는 이외에 특별히 이상한 점을 알아낼 수가 없었다. 하지만 CT 촬영 결과 갈비뼈 두 군데에서 금속으로 추정되는 물질이 박혀 있는 것을 확인했다. CT 영상에 따르면 보통 뼈의 밀도는 400~500g/㎤ 정도인데, 갈비뼈에 박혀 있는 두 개의 물질은 밀도가 600g/㎤ 이상으로 보였다. 이는 곧 이 물질이 금속이라는 뜻으로, 과연 이것이 총알인지, 화살촉 등인지는 연구팀이 풀어야 할 숙제다. 세계적으로 총기가 어느 정도 보급되기 시작한 시기인 데다, 사망 추정 시기 역시 임진왜란 전후였다는 점을 감안하면 충분히 가능성이 있었다. 이에 대한 추가 연구 결과는 아직까지 공식적으로 발표되지 않고 있다.

학봉 장군 미라 및 그 가족 미라─무관의 신분으로 살아갔던 장수

앞 장에서도 설명한 바 있는 학봉 장군 미라는 일반 시민이 언제든지 볼 수 있는 사실상 유일한 미라다. 다른 미라처럼 대학이나 병원 연구 시설에 보관하고 있는 게 아니라, 사설 박물관에 상시 전시 중이다. 대전시에서 자동차로 30분 거리인 계룡산국립공원 초입부에 자리한 '계룡산자연사박물관충청남도 공주시 반포면'은 3층 전시 공간의 대부분을 미라 전시관으로 꾸미고 학봉 장군 미라를 그대로 전시하고 있다. 학봉 장군 미라에서 '학봉'은 계룡산자연사박물관 인근의 마을 이름을 딴 것이다. '장군'은 그 가문의 족보를 확인한 결과 이 미라가 무관 출신으로 기록돼 있다는 점, 부부미라와 함께 발견된 증손자뻘 후손의 미라 역시 조선 초기 종삼품 벼슬을 지낸 무관으로 알려진 점 등을 고려해 붙여졌다. 이 미라는 2004년 대전시 목달동에 위치한 문중묘를 이장하는 과정에서 발굴됐는데, 사망 시기로 보면 우리나라에서 최고最古의 미라로 알려져 있다.

학봉 장군 미라는 국내 미라 역사에 한 획을 그은 미라로, 고려대 김한겸 교수와 해부학과 엄창섭 교수가 수많은 과학적 연구를 진행했다는 점에서 상세히 살펴볼 필요가 있다. 이 미라는 가족묘를 쓴 두 쌍의 부부 합장묘에서 발견됐다. 네 구의 미라가 한꺼번에 발굴된 것이다. 이 중 두 구는 남자로서 원형 보존이 매우 잘됐으며 족보와 비문을 통하여 확인한 결과 3대 차이가 났다. 할아버지와 증손자가 함께 발견된 것이다. 3대손의 미라 역시 계룡산자연사박물관에 나란히 전시돼 있다. 나머지 두 구의 여성시체는 보존 상태가 좋지 않아 특별히 연구 대상으로 삼거나 전시하지는 않았다. 사망 시기는 600여 년 전으로 보고 있다. 2004년 탄소 연대 측정을 해본 결과 대략 540년 전 사망한 것으로 나타났는데, 오차 범위가 40

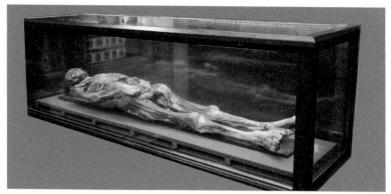

미라는 수백, 수천 년 전 조상들의 생활양식과 질병 정보를 담은 과학기술 연구의 '보고'다. 고려대 연구팀은 국내 최고(最古) 미라로 꼽히는 학봉장군 미라를 연구해 조선 전기에는 애기부들 꽃가루를 각혈 약으로 사용했으며, 당시 민물고기를 날로 먹는 식생활 문화가 있었다는 사실을 밝혀냈다.

연구진이 2004년 당시 학봉장군 미라를 내시경 검사하고 있다. 동아일보 자료사진.

년 이상 있을 수 있다는 점과 족보에 기록된 사망 시기 등을 비교해 대략 600년 전 사망한 것으로 보고 있다.

의복을 가지고 탄소연대측정법을 적용한 적은 드물게 있었지만, 사람의 인체 내장 조직으로 탄소 연대 측정을 시도한 것은 당시가 처음이었다. 이 미라는 2004년 7월 고려대학교 구로병원으로 이송돼 진단방사선과에서 전신 방사선 촬영, 전신 나선형 컴퓨터 단층 촬영 및 MRI 촬영을 실시했는데, 이 데이터로 컴퓨터를 통한 3차원 복원 역시 시행했다. 그 후 고려대학교 안암병원 병리과로 이송돼 신체 계측과 연령 추정을 위한 치아 검사도 실시됐다. 사망 원인 등을 알아보려면 부검이 확실하지만, 박물관 측이 미라의 훼손을 반대했기 때문에 정밀한 내시경검사를 시도했다.

고려대학교 연구팀에 따르면 미라를 내시경으로 샅샅이 검사한 사례는 학봉 장군 미라가 세계에서도 처음이다. 내시경이라면 흔히 목구멍이나 항문으로 집어넣는 위·대장내시경을 생각하지만, 배에 구멍을 내고 뱃속을 직접 들여다보는 '복강경', 관절 부위 내부까지 들여다보는 '관절경' 등 수많은 종류가 있다. 학봉 장군 미라 역시 위·대장내시경은 물론 '복강경', 기관지 속을 살펴보는 '기관지 내시경', 폐와 갈비뼈 사이를 살펴보는 '흉강경' 등 다양한 내시경검사를 진행했다. 내시경검사와 함께 내부 장기들을 소량 채취하여 현미경 검사, 전자현미경 검사, 꽃가루 검사, 기생충 검사, 특수 염색, 유전자 검사 및 탄소 연대 측정 등도 실시했다.

연구진은 이 미라의 사망 원인으로 호흡기 질환을 꼽았다. 연구진이 기관지 세척을 통해 내용물을 수집했는데, 정밀 검사를 통하여 많은 꽃가루 애기부들를 확인했다. 당시 애기부들을 토혈이나 객혈할 때 약으로 복용한 것을 감안하면 폐질환을 앓다가 죽었다는 것을 쉽게 추측할 수 있다. 이

밖에 대장내시경을 실시한 결과 현미경 검사에서 많은 간디스토마와 두 개의 편충알이 관찰됐다. 위내시경 결과 고기와 채소 등 음식물 흔적도 발견돼 사망 전까지 식사를 한 것으로 조사됐다. 복강경으로는 간, 횡격막, 위, 소장, 대장 조직과 내용물도 채취했는데, 역시 기생충 알간디스토마, 편충과 꽃가루, 그리고 다양한 식물 및 육류 성분을 발견했다. 연구진은 미라의 치아를 뽑아내고 마모도를 조사해 사망 나이를 추정했다. CT를 통해 얻은 영상 자료로 가상의3차원 영상 치아를 만들어 2차로 검증했다. 실제 치아는 이갈이, 씹는 습관의 차이 등으로 정확도가 떨어질 염려가 있기 때문에 이중으로 검사했다. 이 결과 41~43세 사이에 사망한 것으로 추정됐다.

장성 미라―안타깝게 흙으로 되돌아간 500년 전 인물

2006년 전라남도 장성군에서 발견돼 '장성 미라'라는 별명을 얻은 이 미라는 약 500년 전, 조선 중기 이후에 매장된 것으로 추정된다. 이 미라는 발견 당시 시신이 거의 원형 그대로 보존됐을 정도로 대단히 보존 상태가 좋았기 때문에 학계의 많은 관심을 끌었다. 장성군 장성읍 단광리 분묘 이장지에서 청안淸安 이씨 집안 조상의 묘를 이장하던 중 발견했다.

실존 인물의 호와 이름은 석탄石灘 이기남인 것으로 알려졌다. 시신은 신장 160센티미터 정도, 발견 당시 기록을 보면 머리카락·얼굴·치아·어깨 등이 생생했으며 잘 보존돼 있었다. 이 미라가 발견된 관에는 〈황룡부주黃龍負舟, 누런 용이 배를 지고 간다〉라는 제목의 시부詩賦가 적혀 있어 관심을 끌기도 했다. 일부 한학자들은 이 시를 놓고 '황룡'이라는 단어가 당시 임금을 에둘러 표현한 것으로 보인다고 평가하기도 해 혼란스러운 시대상을 반영한 것이라는 의견도 많다.

이 미라는 현재 남아 있지 않다. 발굴 후 고려대학교 김한겸 교수에게 인도돼 전남대병원 영상의학과에서 사진과 CT를 찍은 다음 각종 연구를 준비하던 도중 갑작스런 문중의 반대에 결국 미라를 반환했고, 후손들은 이 미라를 재매장했다. 연구팀은 당시 64채널 MD-CT 촬영을 통한 입체 영상 제작을 시도했으나 미라의 재매장과 함께 연구 역시 중단된 안타까운 경우였다.

하동1 미라—대한민국 기생충 역사를 다시 쓴 계기

2006년 4월 발견된 여성 미라다. 이 미라는 경남 하동군 금성면 가덕리에 자리한 한국남부발전 하동화력 건설 현장에서 발견된 미라로, 1600년 대 초반에 사망한 것으로 추정하고 있다. 모자 미라, 학봉 장군 미라처럼 특별한 별명을 짓지 않았기 때문에 발견 지역 이름을 따 '하동 미라'라고 부른다. 같은 하동군에서 3년 후인 2009년 5월 또 다른 미라가 발견돼 혼돈의 우려가 있기도 하다. 이 책에서는 2006년 발견된 미라를 '하동1 미라', 2009년 발견된 미라를 '하동2 미라'로 표기하고 있다.

이 미라가 언론의 큰 주목을 받은 건 다름 아닌 기생충 때문이다. 하동1 미라는 서울대학교 해부학과 신동훈 교수, 단국대학교 의과대 서민 교수, 서울대학교 의대 기생충학교실 채종일 교수 등이 공동으로 연구했는데, 미라를 연구하던 중 미라의 사체에서 '참굴큰입흡충'이라는 디스토마 기생충의 일종을 발견해 큰 관심을 받았다.

참굴큰입흡충은 사실 우리나라와 인연이 아주 많다. 1993년에 굴을 먹은 여성의 몸에서 처음 발견돼 학계에 보고된 기생충이지만, 우리나라는 물론 전 세계 기생충 역사책에서 '참굴큰입흡충'의 첫 발견 시기는 400여년 전으로 거슬러 올라가야 한다. 과거의 의학, 미생물학 역사를 최근 발견한 정보에 대입해 수정하게 된 것이다.

여담이지만 디스토마는 어패류를 통해 사람에게 전염되는데, 실제로 지역과 지역을 옮겨 다닐 때는 보통 철새가 전파한다. 철새가 바닷가에서 해산물을 잡아먹으며 변을 보고, 그 변에 섞여 있던 기생충이 다시 해산물로 들어가 사람에게 감염되는 것이다. 연구진은 이 참굴큰입흡충은 '검은머리물떼새'라는 철새에게서 옮겨진 것으로 보고 있다. 연구팀의 조사 결과 생포한 7마리의 검은머리물떼새 중 5마리가 참굴큰입흡충을 갖고 있었고, 한 마리당 평균 900마리 이상의 참굴큰입흡충을 품고 있던 것으로 드러났다.

특이한 점은 이 참굴큰입흡충이 현대에는 항상 신안 일대에서만 발견된다는 점이다. 따라서 하동에서 발견된 미라에서 이 기생충이 나온 것은 이해하기 힘든 일이었다. 연구팀은 교통이 발달하지 않은 과거에 이 미라가 된 여성이 신안 근처를 다녀와서 기생충에 감염됐을 확률은 낮다고 보고 있다. 따라서 연구팀은 그 당시에는 하동을 포함해 우리나라 여러 곳에서 이런 기생충이 만연해 있었을 것으로 예상했다.

이런 예상은 5년 만에 사실로 밝혀졌다. 하동1 미라에서 기생충을 연구한 서민 단국대학교 의대 해부학과 교수팀이 2011년 충남 예산군 삽교읍에서 발굴한 16세기 중년 남성 미라에서도 '참굴큰입흡충'의 알이 검출됐다. 이 미라는 약 500년 전에 사망한 것으로 추정되는데 이는 하동1 미라보다 100년이나 전이다. 결국 참굴큰입흡충의 인체 감염 사례 역시 100년 더 앞당겨 의학사에 기록되게 됐다.

주문진 미라—임진왜란 당시 활약한 장수

2007년 강릉 주문진에서 발견된 미라로, 족보에 따르면 강원도 강릉시 주문진읍 향호1리에 위치한 강릉 최씨 진사공 휘호파 7세조로 나타나 있다. 이 미라는 그의 일생에 대한 문서가 같이 발견됐기 때문에 비교적 정확한 생존 시기와 출생 연도를 파악할 수 있었다. 사망 시기는 1622년, 출생 연도는 1561년으로 기록돼 있었으니, 결국 61살까지 살았다는 사실을 알 수 있다. 미라의 살아생전 이름은 최경선崔景璿으로 기록돼 있다. 언론에 발표되진 않았지만 연구진의 기고 및 의견, 취재 결과 등을 취합해 보면, 이 미라는 키 150센티미터 정도의 단신으로, 임진왜란 당시 왜구와 싸운 적이 있는 장수 출신으로 보인다.

주문진 미라가 유명해진 까닭은 신문·방송 등 여러 언론의 성급한 보도 때문이었다. 이 미라는 신동훈 교수팀이 3년간 연구·분석해 2010년 11월 5일에 중간 연구 결과를 발표했는데, "왼쪽 아래턱뼈에서 골절 흔적을 확인했다"고 밝혔다. 이 말은 미라나 의과학에 대한 이해가 부족한 각 언론사 기자들의 오해를 불러왔다. 일부 언론에서는 '턱뼈가 부서져 음식을

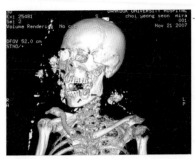 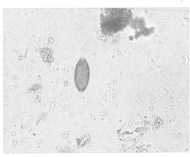

주문진 미라(최경선 미라) CT의 안면 X선 사진의 모습을 3차원으로 재구성했다. 턱 부위에 화살표는 골절상을 입었던 위치를 나타낸다.(좌) 주문진 미라 분변에서 검출된 편충의 모습.(우)

못 먹었기 때문에 사망했다'는 자극적인 제목을 단 기사를 게재했다. 이 말은 기정사실처럼 퍼졌지만 실제 골절 흔적이 있었을 뿐, 정확한 사망 원인은 아직 밝혀지지 않은 상태다.

검사 결과 주문진 미라의 대장에는 많은 양의 대변이 남아 있었기 때문에 적어도 사망 하루나 이틀 전에는 식사한 것으로 보인다. 사람이 하루 이틀 굶고 사망할 리는 없는 것으로 보면, '밥을 먹지 못해 죽었다'는 보도는 다소 무리가 있는 표현이었다. 다만 턱뼈에 골절을 입을 만큼 심한 외상을 입은 점으로 미뤄, 낙상 등으로 인한 쇼크사로 하루 정도 몸져누웠다가 사망한 것이 아닐까 추측하고 있을 뿐이다.

이 미라의 또 다른 특징은 내장 기관이 대단히 잘 보존돼 있었다는 점이다. 연구진이 CT를 찍어 보았는데, 공기의 통로인 기관trachea은 물론, 이 기관이 갈라져 폐로 들어가는 기관지bronchial tube, 심지어 대동맥까지 관찰이 가능했다는 기록이 있다. 대장 내에 남아 있던 분변 샘플을 꺼내 조사한 결과 편충의 알이 발견돼 기생충에 감염돼 있었다는 사실도 알 수 있었다. 이 미라는 발굴 당시 총 36점이라는 상당한 양의 복식이 나왔는데, 이 중 마직물과 견직물이 각각 13점, 면직물이 7점, 기타 3점이었다. 다른 미라와 달리 머리에 망건을 쓰고 있어서 관심을 얻기도 했다. 망건을 쓸 경우 구슬로 머리카락을 고정해야 했는데, 그 당시 남자들의 머리 형태, 상투 관리 방식에 대한 자료를 확보한 점에서 의미가 있다. 이런 부장품은 매장 문화재 전문 조사 기관인 한강문화재연구원이 수습해 복원·분석하고 있다.

나주 미라—후손은 관습을 지켰고 과학자는 정보를 얻었다

2009년 4월 전남 나주 지역 문화 류柳씨 문중 묘에서 발견된 것으로, 류씨 집안에 시집온 이李씨 여인으로 알려져 있다. 사망 시기는 약 450년 전으로, 이삼십 대의 비교적 젊은 나이에 사망한 것으로 보고 있다.

나주 미라의 연구는 김한겸 교수팀이 맡았다. 보존 상태는 대단히 좋은 편이었다. 의료진은 인체의 3차원 영상을 만들 수 있는 MD-CT로 미라의 온몸을 샅샅이 찍었다. 엑스선 촬영도 했다. 간단한 검사 결과 뼈가 부러진 곳은 없었으며 심장도, 허파도 그대로 남아 있었다. 김 교수가 "MRI 촬영을 했을 때 영상이 나올 정도로 보존이 잘돼 있다"고 설명했을 정도다. MRI는 수분에 반응하기 때문에 바싹 마른 미라는 영상이 잘 나오지 않는다. 그만큼 보존이 잘됐다는 의미다.

이 미라의 사망 시기를 놓고 발굴단은 상당히 많은 고민을 했다. 이 미라 족보에는 5월에 사망한 것으로 기록돼 있는데, 앞 장에서 기술한 것처럼 우리나라는 겨울에 사망해야 미라가 될 확률이 높다. 3개월 이상 장을

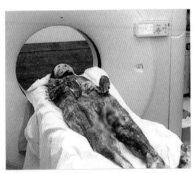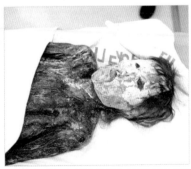

고려대 연구팀이 다채널컴퓨터단층촬영(MD-CT)으로 지난달 전남 나주시에서 발굴된 이씨 여인의 미라를 검사하고 있다.(좌) MD-CT 검사를 끝낸 미라의 모습. 속눈썹과 눈동자까지 그대로 남아 있다. 손으로 눌러보면 피부 탄력이 느껴질 정도로 보존 상태가 우수하다.(우)

지내는 당시 문화를 고려해 보면 한여름이 시작되기 직전인 5월에 사망했을 경우 사실상 미라로 남았을 거라고 보긴 어렵다.

사망 원인 역시 미스터리다. 엑스선 및 CT 촬영 결과 눈에 띄는 외상은 없었으며, 복중 태아 등도 발견할 수 없었다. 그러나 미라의 하복부 근처에 얇은 단백질 막이 덮여 있는 것이 발견했다. 사망 이후 부패 등이 원인이 돼 복수가 흘러나왔을 수도 있지만, 출산 중 태반이 뒤집어져 아이를 낳고 그 즉시 사망했을 확률도 높았다.

현재 이 미라는 존재하지 않는다. 약 1년간 고려대학교 연구팀이 보관하며 관리해 오다가 후손들의 요청으로 반환했고, 후손들은 반환받은 즉시 이 미라를 화장했다.

김 교수팀은 그간 얻은 자료를 취합해 새로운 결론을 도출할 계획이다. 미라를 살펴본 각종 정보와 족보 등의 문헌을 비교하고, 정확한 사망 시기와 나이 등도 밝혀내 추후 발표할 예정이다.

하동2 미라—《동의보감》 처방 가재즙 마시다 기생충으로 사망

2009년 5월 경남 하동군 금난면 진정리에 있던, 진양 정씨 문중 묘역에서 발견된 미라다. 조선 중기 때 사람인 정희현鄭希玄, 1601~1650의 두 번째 부인인 '온양 정씨溫陽鄭氏'가 미라로 남은 것이다. 정확한 사망 일자는 알 수 없지만 사망 시기는 약 400년 전으로 보고 있다.

이 미라는 처음 발견됐을 때 난산을 겪다가 죽었을 것으로 생각됐다. 무덤 속에서 어린이 뼈가 같이 발견됐기 때문이다. 누가 보더라도 임신 상태에서 난산 중 사망하고, 그 결과 아이와 함께 묻힌 것으로 생각할 만했다. 하지만 약 3년의 걸친 조사 결과 사망 원인이 새롭게 밝혀졌는데, 당초 추정한 난산 때문이 아니라 기생충이 원인으로 밝혀졌다. 기생충과 관련된 문제이니 만큼 전문가인 서민 단국대학교 교수팀이 참여했으며, 연구팀은 2012년 9월 하동2 미라에 대한 연구·분석 결과를 일부 밝혔다.

이날 발표에 따르면 이 미라의 폐, 간, 장 등의 장기에서 수천 개의 폐흡충 알이 확인됐다. 연구팀은 기생충 알의 분포와 규모로 미뤄, 적어도 100여 마리의 성충이 체내에 기생했던 것으로 보고 있다. 성충의 숫자가 이 정도면 폐디스토마로 사망해도 이상할 것이 없었다는 설명이다. 즉, 출산 중 난산이 원인이 아니라, 폐디스토마에 따라 임산부 건강이 악화되면서 결국 사망에 이르게 됐다는 뜻이다. 함께 발굴된 뼈는 32주 된 태아의 것으로, 임신부가 사망 후 죽어 몸 밖에 나온 태아의 뼈를 함께 매장한 것으로 보인다.

특히 연구팀은 이 미라가 폐흡충에 감염된 까닭이 살아생전 민간요법으로 생가재즙을 마셨기 때문일 거라고 추측했다. 실제로 목구멍이 붓고 막혔을 때 가재즙을 마시고 목구멍에 뿌리면 좋다는 기록이 《동의보감》 등에 소개돼 있다. 당시에는 가재를 이용한 민간요법이 널리 성행한 것으로 알려져 있다. 임신 중 질병을 치료하려고 많은 양의 가재즙을 마신 것이 원인이었다는 것이다. 폐흡충은 폐디스토마라고도 불리는 기생충이다. 장기에 기생하며 각종 증상을 일으키는데, 처음에는 복통에 시달린다. 이후 뇌로 전이되면 반신불수, 각종 마비, 언어장애 증상을 일으키다가 마지막에는 사망에 이른다.

오산9 미라, 오산6 미라—500년 세월 넘어 만난 전처와 후처

내가 발굴과 해포에 참여했던 이 두 구의 미라는 2010년 5~6월 사이, 오

산시 가장2일반산업단지 공사 예정지에서 차례로 발견됐다. 연고가 없지만 무덤에 적혀 있던 영정, 묘비 등의 정보를 토대로 사망 시기와 신분 등을 추정했는데, 특이하게도 두 구의 여성 미라가 모두 한 남자의 첫 번째와 두 번째 부인이었다는 점에서 관심을 얻었다. 첫 번째 부인이 사망한 후 남편이 새 장가를 들었는데, 두 번째 부인마저 사망해 나란히 묻혀 있다가 발견된 것이다.

발굴 당시 조선 시대 묘제 전문가인 김우림 울산시립박물관 관장은 "묘에서 발견된 영정을 보면 두 미라는 남편의 직위에 따라 각각 정구품, 정육품 품계를 받았다"며 "승진 기간을 고려하면 한 남자가 7년 안에 두 아내를 모두 잃은 것으로 보인다"고 설명했다. 미라에 대한 연구는 국내에서도 수차례 있었지만 두 구의 가족 미라를, 그것도 두 부인을 한꺼번에 조사한 것은 이번이 처음이다.

이 두 구의 미라는, 보존 상태가 썩 좋지는 못했지만 기본적인 연구와 조사는 충분히 가능한 정도였다. 피부는 검붉게 변했지만 치아도, 모발도 그대로 남아 있었다. 김한겸 교수팀은 이 미라를 고려대학교 구로병원에서 64채널 MD-CT로 조사하고, 엑스선 촬영도 했다. MD-CT 촬영 데이터를 처리하면 내장 기관을 포함해 몸 전체를 3차원3D 영상으로 만들 수 있다. MRI 촬영은 논의 결과 포기했다. 수분이 적어 영상이 나오지 않을 거라는 판단에서다. 연구팀은 이날 확보한 데이터를 영상의학과, 치과 등 전문 의료진과 함께 분석해 사망 원인 등을 알아낼 예정이다. 미라 연구로 박사 학위를 받은 정광호 원장치과개업의은 조사에 참여해 "CT 영상으로 치아의 마모도를 확인하면 미라의 사망 연령을 추정할 수 있다"고 말했다.

두 미라의 연구 성과 중 특이할 만한 점은 '미라가 무균상태로 보관된다'

는 사실을 밝힌 첫 번째 미라라는 것이다. 연구팀이 관을 부검실로 옮겨 와 해포 과정부터 산성도, 세균 배양 검사 등을 진행한 해에 처음으로 밝혀졌다. 특히 첫째 부인 미라는 연구팀의 큰 관심을 얻고 있다. 아랫배가 나와 있는 것으로 미루어 사망 당시 임신 중이었을 것으로 추정하고 있다. CT 화면으로 둥근 물체를 확인했지만 태아라는 사실은 아직 확정하지 못했다. 추가로 내시경검사나 부검을 시행할 예정이다. 태아가 확인되면 2002년 발견된 '파평 윤씨 미라'에 이어 국내 두 번째 임신부 미라가 된다. 둘째 부인 미라는 한쪽 다리가 썩어 뼈가 드러난 '반半미라'지만 내장 기관은 온전히 보존돼 있어 다양한 연구가 가능할 것으로 보인다.

이 미라를 발굴할 때 다수의 복식, 노리개 등의 문화재 역시 발굴됐는데, 발굴 당시 줄곧 부산대학교 한국전통복식연구소와 보존 처리 협의를 진행해 왔다. 특히 화려한 직금단의 장저고리, 연화동자문의 스란치맛단에 금박을 박아 선을 두른 것이 있는 치마 등이 역사적으로 보존 가치가 높은 것으로 평가받고 있다. 수원 지역의 역사와 문화 연구는 물론 조선 전기 장례 절차와 중·상류층 사람들의 복식 제도를 이해하는 데 귀중한 사료로 평가받고 있다. 이 때문에 문화재청 등은 이 같은 문화재를 앞으로 수원박물관에 전시할 예정이다. 수원박물관이 문화재보호법 등에 의해 국가로 귀속된 발굴 문화재에 대한 권한을 위임받아 2013년 3월부터 보존·관리하게 됐기 때문이다. 미라 두 구와 복식, 목제 빗 등 126점이다. 수원박물관 측은 2010년 11월부터 발굴 조사단, 문화재청과 이관 협의를 진행했다.

한눈에 정리하는 한국 미라

미라 이름	단웅이 미라	파평 윤씨 미라
발굴 연월	2001년 11월	2002년 9월
발굴 장소	경기 양주시	경기 파주시
사망 나이	6세	23세
사망 원인	결핵	출산 중 자궁파열
사망 시기	400년 전	440년 전
과학적 의의	어린이 미라, 탄소연대측정법 도입	배 속에 태아가 남아 있는 임신부 미라
미라 이름	봉미라, 흑미라	학봉 장군(및 그의 가족 미라)
발굴 연월	2003년	2004년 5월
발굴 장소	경기 안산시	대전 중구
사망 나이	51세, 64세	42세 폐질환
사망 원인	불명	600년 전
사망 시기	임진왜란 때	국내 최고(最古) 미라
과학적 의의	3차원 영상을 통한 치아 감별로 사망 나이 최초로 유추	내시경검사 최초 시행 렙토스피라병 흔적 발견
미라 이름	장성 미라	하동1 미라(가칭)
발굴 연월	2006년 3월	2006년 4월
발굴 장소	전남 장성군	경남 하동군
사망 나이	60대 초반	비공개
사망 원인	불명	비공개
사망 시기	500년 전	400년 전
과학적 의의	64채널 MD-CT 촬영으로 입체 영상 제작/후손 요청으로 재매장	1993년 학계에 보고된 신종 기생충을 400년 전 미라에서 발견

미라 이름	주문진 미라	나주 미라
발굴 연월	2007년 11월	2009년 4월
발굴 장소	강원 강릉시	전남 나주시
사망 나이	61세	40대 중반
사망 원인	턱뼈 골절 등 외상	출산 중 태반 박리
사망 시기	400년 전	450년 전
과학적 의의	CT, MRI 검사 시행	비파괴 검사 위주로 연구 후손 요청으로 재매장
미라 이름	하동2 미라(가칭)	오산9 미라, 오산6 미라
발굴 연월	2009년 5월	2010년 5월/6월
발굴 장소	경남 하동군	경기 오산시
사망 나이	20대 후반 추정	10대 후반 예상, 규명 중
사망 원인	기생충 감염	30대 초반 예상, 규명 중
사망 시기	350년 전	500여 년 전
과학적 의의	폐흡충 감염으로 사망한 첫 번째 사례/태아 뼈와 함께 매장	한 남편의 첫 번째, 두 번째 부인이 나란히 미라로 발견된 최초의 사례

* 이 책에 소개된 미라는 저자가 직접 취재한 미라를 비롯해 언론 등에 소개된 바 있는 '연구용' 미라를 취합해 정리한 것입니다. 만약 저자가 알지 못하는 연구용 미라에 대해 알고 계시면 enhanced@donga.com으로 연락 주시기 바랍니다.

미라를 조사하는 과학적 방법

- DNA 채취하고 탄소 연대 측정도, 최근엔 '안정동위원소' 분석도 인기

미라를 과학적으로 조사하는 연구 방법은 헤아릴 수 없이 많다. 미라를 눈으로 살펴보는 병리학적 조사부터 X레이 검사, 컴퓨터단층촬영(CT), MRI 촬영을 실시하기도 한다. 부검을 하기도 하고, 내시경으로 환부 곳곳을 살펴보기도 한다. 현대의 첨단 건강검진 방법이 두루 이용되는 것이다.

이런 단계를 넘어서면 한층 더 진보된 과학적 검사 방법을 동원하기도 하는데, 가장 먼저 꼽을 수 있는 것이 DNA 검사다. 미라의 뼈나 피부조각에서 DNA를 추출한 다음, 이 DNA의 염기 서열을 분석해서 살펴보는 것이다. 현대인과 비교해 어떤 유전자 변화가 있었는지, 수백 년 전 인간과 비교해 현대인들은 어떤 진화를 겪고 있는지를 알 수 있다.

그다음 시행하는 것이 탄소연대측정법이다. 미라의 몸에서 떼어 낸 세포에 남아 있는 방사성탄소(C14)가 정상인에 비해 얼마나 적게 남아 있는지를 비교하는 것이다. 보통 미라의 뼈에서 뽑아낸 콜라겐 등으로 실험한다.

드물게 '안정동위원소' 분석이라는 방법을 동원하기도 하는데, 미라의 생전 식생활에 대한 정보를 얻을 때 주로 쓴다. 뼈

나 머리카락, 치아 등에 남아 있는 원소를 분석하면 살아생전 어떤 음식을 먹었는지 추정이 가능하기 때문이다. 보통 죽기 몇 달 전 먹은 음식은 머리카락 속 케라틴에, 유아기의 식생활은 어릴 적 생성된 치아 속 법랑질(탄산염)과 콜라겐에 일부 원소가 남는다. 같은 방법으로 뼈 속에 있는 탄산염과 콜라겐을 분석하면 죽기 전 10~30년 전까지의 평균 식생활을 가늠할 수 있다. 이런 자료는 조선 시대 사람들의 식생활 정보를 알 수 있는 중요한 역사적 근거가 될 수 있다.

이 정보를 이용해 관련 연구 성과가 국내에서 소개되기도 했다. 《동아일보》 2014년 5월 23일자 과학면 기사(이재웅 동아사이언스 기자)에 따르면 신지영 국립문화재연구소 하예연구관팀은 부산 가덕도에서 발굴한 신석기시대 선조가 해양성 생물을 주로 먹었다는 연구 결과를 2014년 4월 '지질과학기술 공동학술대회'에서 발표했다. 부산 가덕도 장항 유적은 2010년에 발굴된 우리나라 최대의 신석기시대 무덤으로 서로 다른 48명의 사람뼈가 발굴됐는데, 이 중 10개를 골라 속에 있던 콜라겐을 분석했더니 물개나 고래와 같은 해양성 포유류와 어패류를 먹은 것으로 나타났다.

연구진이 집중 분석한 것이 바로 뼈가 담고 있는 '안정동위원소'다. 동위원소란 같은 원소 중에 중성자 수가 달라 질량이 다른 원소를 뜻하는데, 방사성을 띠지 않는 동위원소를 안정동위원소라고 한다. 사람처럼 탄소와 질소를 지닌 생물은 먹은 음식이나 환경 등에 따라 탄소와 질소의 안정동위원소가 달라진다. 장항 유적의 사람뼈에서는 질소 안정동위원소 값이 특히 높게 나타났는데, 이는 육상 생물보다 해양성 생물을 먹었을 경우에 해당한다.

안정동위원소는 식생활뿐만 아니라 신분을 이해하는 데도 활용된다. 연구진은 경북 경산 임당 유적 고총군에서 출토한 삼국 시대의 사람뼈를 분석한 적도 있는데, 사망한 주인이 강제로 묻힌 순장자보다 영양이 풍부하고 고기를 많이 먹었다는 사실을 확인했다. 사망한 주인의 질소 안정동위원소 값이 순장자의 것보다 높게 나타났다는 것이다.

뼈 속 콜라겐과 머리카락 속에 있는 케라틴을 분석하면 더 많은 정보를 알 수 있다. 머리카락은 죽기 몇 달에서 몇 년 동안의 식생활 정보를 담고 있기 때문이다. 연구진은 경북 문경 흥덕동 회곽묘에서 출토된 조선 시대 여성 미라의 뼈와 머리카락의 안정동위원소를 분석한 결과, 미라의 주인공이 생존 당시 탄소3(C3)가 포함된 식물을 많이 먹었다는 사실을 확인했다.

육상 식물은 광합성 경로에 따라 탄소수가 3, 4개인 식물로 나뉘는데 C3 식물에는 쌀, 밀, 콩 등이, C4 식물에는 조, 피, 옥수수 등이 해당한다. 하지만 죽기 몇 달 동안은 육류를 많이 먹은 것으로 나타났다. 케라틴에 담긴 질소 안정동위원소 값이 콜라겐의 값보다 높게 나타났기 때문이다.

안정동위원소를 이용한 연구는 해외에서도 활발하다. 남아공 연구진은 미국 뉴욕 주의 유적에서 나온 사람뼈의 탄소 안정동위원소와 방사성 탄소연대를 측정한 결과, 북미에서

C4 식물인 옥수수 농경이 시작된 시기가 1000~1300년 사이라는 사실을 밝혀냈다. 미국 연구진은 일리노이 주 카호키아 마운드 유적에서 출토한 사람뼈를 통해 11~12세기 미국 원주민 사회에서도 신분이 높은 사람이 동물성 단백질을 많이 먹고 옥수수는 적게 먹었다는 사실을 확인했다.

신 연구관은 "과거에는 요리 도구나 주변 동식물의 흔적 등을 분석해 식생활을 간접적으로 추정하는 데 그쳤지만 이제는 안정동위원소를 이용해 식생활을 직접적으로 복원할 수 있다"고 설명했다.

부산 가덕도 장항 유적에서 나온 신석기시대 사람뼈. 국립문화재연구소팀이 이를 분석한 결과 질소 안정동위원소 값이 높게 나왔다. 이는 당시 사람들이 해양성 포유류와 어패류를 주식으로 삼았다는 증거로 보인다.

우리 가문에 미라가 발굴된다면

- 기증 어렵다면 과학적 연구 위해 2~3년 임대를

조상의 육신을 소중하게 생각하는 건 우리나라의 아름다운 전통이다. 조상을 소중하게 생각하고, 부모를 섬기고, 손윗사람을 존중하는 태도는 다른 나라에선 찾기 힘든 아름다운 문화다. 그러나 이런 문화가 비과학적, 비합리적 판단의 기준이 된다면 한발 물러서는 것이 옳다. 이미 돌아가신 분의 시신에 영혼이 머무를 리 없다. 수백 년이 지난 조상의 육신을 과학적으로 조사하는 것이 '욕을 보이는 행동'이라는 통념도 근거 없다.

미라를 연구하는 과학자들은 미라가 발견되면 연구를 위해 가급적 미라를 기증해 주길 희망한다. 실제로 '학봉 장군 미라' 같은 경우는 이미 과학적 연구를 마치고 박물관에 기증돼 많은 관람객에게 과학과 고고학을 체험하는 본보기가 되고 있다. 실제로 학봉 장군 미라는 가문을 오히려 영광스럽게 하는 데 도움이 되기도 했다. 연구팀은 학봉 장군 미라를 연구해 '사인'을 밝혀내어 의학 논문을 쓰고, 과학 학술지인 《병리기초응용학회지(PAAT)》에 게재했다. 또 미라에 남아 있던 치아의 마모도를 조사해 사망 나이를 밝혀낸 치과의사 정광호 원장은 이 논문으로 2010년 8월 박사 학위를 받기도 했다. 송씨 가문의 미라가 현대에 박사 학위 수여자까지 배출한 것이다.

미라 연구자들은 "정 후손들이 매장을 원한다면 할 수 없지만, 적어도 2, 3년 가량 미라를 연구기관에 맡겨 주는 문화가 정착됐으면 좋겠다"고 입을 모은다. 나주 미라가 선례를 남겼다. 일정 기간 연구용으로 활용한 뒤 후손들에게 돌려주어 재차 화장했다. 가문에서는 조상의 장례를 치를 수 있었고, 과학 발전에도 이바지할 수 있었다. 다만 조금 더 긴 기간 동안 미라를 맡겨 주었으면 하는 아쉬움은 남는다. 김 교수는 "보기 드물게 보관 상태가 좋은 미라였기 때문에 좀 더 다양한 연구를 진행하려고 했는데 아쉬운 일"이라면서도 "그러나 1년간 미라를 보관하면서 다양한 정보를 얻을 수 있었다"고 밝혔다. 연구팀은 이 미라에 대한 연구 결과를 정리해 조만간 발표할 계획이다.

여기에 대한 제도적인 지원이 필요하다고 주장하는 학자도 많다. 미라가 발견되면 문화재로서 인정하고 일정 기간 연구할 수 있도록 규정을 만들어야 한다는 의미다. 신동훈 서울대 교수는 《연합뉴스》와의 인터뷰에서 "미라가 지닌 역사 문화적, 의과학적 가치를 고려하면 현재와 같은 불안한 상태의 연구 조사보다는 좀 더 안정적인 연구 기반을 국내에도 갖추어야 한다"면서 "대개 선진국은 미라 연구를 허용하며 이를 지원하는 정책을 취하고 있다는 사실을 참고해야 한다"고 주문하기도 했다.

제8장

세계는 넓고
미라는 많다

미라; [명사] 썩지 않고 건조되어 원래 상태에 가까운 모습으로 남아 있는 인간이나 동물의 시체. (국립국어원 사전)

사람들은 흔히 미라라고 하면 노란 아마포가 둘둘 말린 이집트 미라를 떠올린다. 하지만 미라는 전 세계 곳곳에서 발견되고 있다. '국립국어원'에서 정의한 대로 '원래 상태에 가까운 모습'으로 남아 있다는 점에서는 틀림없다. 하지만 '건조'라는 단어는 미라를 다년간 쫓아다닌 입장에서 다소 거슬린다. 이 단어로 미라를 풀이하기엔 다소 무리가 있기 때문이다.

나는 국내에서 열리는 미라 관련 특별전은 대부분 살펴보고, 미라를 주제로 국내 발굴 지역, 해포 및 부검 현장을 살펴봤다. 그리고 중국 호남성,

호북성, 타클라마칸 사막까지 방문했다. '취재'를 핑계로 하고 싶은 공부를 수년간 실컷 해온 셈이다. 이렇게 보아온 수많은 미라 중에는 '마르지 않은 상태' 그대로 보존된 것이 많았다.

미라의 대명사인 이집트 미라는 사람이 인위적으로 만든 것이다. 이 과정에는 일부러 시체를 바싹 건조시키는 과정이 포함된다. 일부러 약품에 담가 시신의 수분을 뽑아내는 과정이다. 실제로 오래된 미라 중 태반은 건조된 환경에서 나온다. 국어학자 중에 미라나 장묘 문화 등에 대해 공부한 사람은 많지 않았을 터, 사전을 편찬하는 과정에서 이런 해설을 붙인 것도 이해가 간다. 그러나 정확한 표현을 위해 단어의 개정은 필요하지 않을까 생각해 본다.

사람의 시체가 미라가 되는 데 필요한 조건은 꼭 한 가지다. '썩지만 않으면' 된다. 하지만 이 한 가지 조건이 쉽지 않다. 여름철, 온도와 습기가 많은 환경에서 아무런 조치를 하지 않으면 사람의 시체는 2주에서 4주 사이에 완전히 뼈만 남게 된다. 미라가 만들어지는 과정은 나라마다 기후와 장묘 문화에 따라 다양한 과정을 거치는데, 여러 문헌을 조사하고 현지답사를 다녀 본 결과 미라가 생성되는 원인은 크게 5가지로 정도로 나눌 수 있었다. 물론 한국 미라만큼은 예외다. 한국 미라는 이 5가지 원인이 복합적으로 작용했다.

가장 흔한 것은 역시 '건조 미라'다. 시신이 바싹 말라 세균 활동이 정지돼 잘 썩지 않기 때문이다. 추운 나라에서는 '냉동 미라'도 자주 찾아볼 수 있다. 이탈리아에서 발견된 미라 '아이스맨 외치'나 알래스카에서 발견된 '얼음 공주' 미라 등이 유명하다. 북한, 베트남 등에서 사회에 큰 영향을 미쳤던 지도자를 방부 처리 보관하는 경우도 미라의 범주에 넣을 수 있다.

마르면 썩지 않는다
— 건조 미라

가장 흔한 미라는 역시 '건조 미라'다.

혐기성, 호기성 여부를 불문하고 모든 세균은 생명체다. 수분이 없으면 살 수 없기 때문에 바짝 마른 시체는 썩기 어렵다. 물론 시체를 땅에 매장하는 문화가 합쳐져야 한다. 화장火葬, 독수리에게 시신을 바치는 천장天葬, 조장;鳥葬이라고도 한다 등의 풍습이 있는 곳에서 미라를 찾긴 어렵다.

건조 때문에 생성된 미라는 보통 사막 지역에 많다. 남미 안데스 산맥 서편 사막지대는 '삽으로 땅만 파면 미라가 나온다'는 말이 있을 정도다. 중국 장강 북쪽, 사막 지역에서 이런 미라를 쉽게 볼 수 있다. 전장에 설명한 대로 이런 미라는 중국에도 많다. '간시말라 있는 시체'라고 부른다. 건조된 미라는 색이 검고, 피부도 바싹 말라 쭈글쭈글하기 때문에 한눈에 보기에도 보존 상태가 좋지 못하다. 하지만 가장 흔하게 찾을 수 있는 미라의 형태 중 하나다.

한국 미라 중에서 이렇게 바싹 말라 버린 형태를 찾아보기 어렵지만, 처음에 시신이 미라로 만들어질 때는 어느 정도 건조 과정의 도움을 받았을 것으로 보고 있다. 우리나라는 여성, 부모보다 빨리 죽은 돌연사 등 다양한 경우에 긴 장례 기간을 거치지 않는 경우가 있다. 이럴 경우 관에 들어가는 시간도 짧기 때문에 회곽묘 속에서 쉽게 미라가 만들어진다. 문제는 정식 장례를 지냈을 경우다. 만약 여름철에 사망한 시신이라면 장기간 제사를 지내는 문화 때문에 매장하기 전부터 이미 시신이 부패했을 확률이 높다. 반대로 겨울철에 사망한 사람은 차고 건조한 기후의 도움을 받아 미라로 만들어지기가 쉬웠다. 온도가 낮아 쉽게 시신이 썩지 못했다. 한옥 집에서 난방을 하지 않으면 시신을 보관해 둔 방의 실내 온도는 금방 영하로 떨어졌을 것이다. 이 과정에서 피부가 적당히 얼고, 다시 말라 가는 과정을 반복하다가 장례를 마친 후 회곽묘에 넣어 매장하면서부터 공기 차단과 살균 작용을 통해 미라로 바뀌었다.

페루 사막에서 발견된 미라. 손발이 가죽 끈으로 묶여 있다. 범죄자였을까, 전쟁포로였을까, 아니면 노예였을까.

가장 완전한 보존
— 냉동 미라

이집트의 파라오 미라를 제외하면 대
중과 과학계의 가장 큰 관심을 받은 미라는 5,300년 전 사망한 '아이스맨
외치Otzi'일 것이다. '외치'는 발견된 지역 명을 따 붙여진 이름이다.

이딸리아 북부 알프스 산맥에서 1991년 발견된 이 미라는 현재까지 인
류 역사상 가장 오래된最古 것이다. 이렇게 긴 시간 썩지 않고 보관된 이유
는 추운 기후 때문이다. 추위에 얼어붙은 시신이 그대로 남아 있었던 것
이다. 외치가 처음 발견된 후 이탈리아 사우스티롤고고학박물관 연구팀은
외치의 골격, 유전자 정보 등을 분석해 살아생전의 모습을 거의 완벽하게
복원하기도 했다. 외치는 사망 당시 45살로 추정됐다. 그의 얼굴, 음식, 옷
과 온전한 유전자 모두 재구성됐다.

이런 연구가 가능한 것은 역시 미라의 보존이 우수했기 때문이다. 냉동
미라의 특징은 시신이 가장 온전히 보관된다는 점이다. 외치는 1991년 9월
등산을 즐기던 부부에 의해 발견됐는데, 이들이 외치의 모습을 보고 살인
사건이 벌어진 줄 알고 경찰에 신고를 했다는 후문이 있다. 과학적인 조사
를 거친 결과, 이 미라의 보존 상태는 대단히 양호했다.

아이스맨 외치는 현재 이탈리아 볼자노 시 사우스티롤고고학박물관에

아이스맨 외치는 세계 미라 연구자들에게 가장 큰 관심거리다. 연구 결과 외치는 5300년 전 화살에 맞아 죽은 것으로 밝혀졌다. 외치가 처음 발견됐을 때 사람들은 살인 사건이 벌어진 걸로 착각하고 경찰에 신고했다는 후문이 있다. 이탈리아 사우스티롤고고학 박물관 연구팀은 외치의 골격, 유전자 정보 등을 분석해 살아생전의 모습을 거의 완벽하게 복원했다.

전시돼 있는데, 보존 상태가 워낙 양호해 다양한 과학적 분석 연구가 가능했다. 다방면으로 연구한 결과 외치는 5,300년 전 화살에 맞아 죽은 것으로 추정하고 있다. 치명적인 화살이 동맥을 뚫어 그의 어깨에 부상을 입힌 사실이 확인됐다. 위에선 소화가 안 된 음식물이 검출돼 매복 기습 공격을 받아 사망한 것으로 보인다. 하지만 추가 연구 결과, 화살에 맞기는 했지만 직접적인 원인은 아니며 머리에 입은 부상 때문이라는 의견도 제시되고 있다.

외치는 유럽 여러 나라 과학자들의 연구 재료가 됐는데, 2001년 오스트리아 과학자들이 머리에 입은 부상 때문이라는 의견을 내놓기도 했다. 2013년에 독일 과학자들도 머리 부상설을 지지하고 나서 새로이 주목받고 있다. 과학자늘은 알프스 빙하 속에서 발견된 후 이 아이스맨이 어떻게 오스트리아와 이탈리아 국경 지대에서 5,300년 이상 묻히게 됐는지를 규명하기 위해 아직까지 많은 실험을 하고 있다. 외치를 보기 위해 몰려드는 인파 덕분에 볼자노 시는 해마다 수백만 유로의 관광 수입을 얻고 있는 것으로 알려져 있다.

중국과 몽골 국경 지대부터 러시아, 카자흐스탄에 걸쳐 이어진 '알타이 산맥'에도 냉동 미라가 발견됐다. 이곳에서 발견된 '얼음 공주 미라'도 사망 후 2,500년이 지나도록 피부에 새긴 문신 모습이 그대로 남아 있었다. 이 미라는 1993년 러시아 고고학자 나탈리아 폴로스마크 팀이 발견한 고분 속에서 나왔는데, 이 고분은 2,500년 전 제작된 것으로 고분에서 발견된 수많은 유물은 철기 시대를 연구하는 귀중한 자료로 가치를 인정받고 있다. 현지 원주민들은 발견된 미라를 '얼음 공주'라 불렀는데, 자신의 부족을 지키기 위해 다른 부족과의 전쟁에 직접 나가 맞서 싸운 전설 속 공주라고 여긴 것이다. 전설 속의 공주는 죽기 전 "나의 안식이 멈추는 날, 땅이 갈라지고 하늘이 열릴 것이다"는 말을 남겼다고 전해진다. 이 말을 근거로 현지 원주민들 중에는 현지에 자주 발생한 지진을 '미라의 저주'라고 여기는 경우가 더러 있다고 한다. 그러니 이 미라는 실제로 공주가 아닌 여제사장인 것으로 보인다. 발굴팀은 근거로 새 모양의 머리 장식, 팔과 손에 남겨진 문신 등을 들고 있다.

알타이 고원에 살았던 파지릭 문화 사람들은 사람이 죽으면 시신의 내장을 빼고 약초를 채운 후, 발삼_{침엽수 분비물, 송진 등 향기 나는 방부제 등을 총칭하기도 한다. 이집트 등에서 인공 미라를 전문으로 만드는 곳에서는 독특한 발삼 제조 노하우를 가지고 있었던 것으로 보인다}을 발라 부패를 방지했다. 하지만 알타이 미라가 썩지 않았던 이유도 역시 차가운 온도 때문이다. 알타이 산은 해발 3,000미터가 넘고, 고위도 지방이다 보니 일 년 내내 얼음이 녹지 않는 영구동토 지역이 많다.

한국 미라 역시 냉동 과정의 도움을 받아 만들어진다. 수백 년 동안 보관된 이유를 냉동에서 찾기는 어렵지만, 처음 미라가 만들어질 때는 필요했다. 한국에서 겨울에 사망한 사람의 시체가 여럿 미라로 이어진 점은 이 때문이다. 물론 여름에 사망한 사람도 빙고에서 가져온 얼음 등으로 보존했다. 회곽묘를 통한 본격적인 보존이 이뤄지기 전에는 어떤 경우든 냉동 과정의 도움을 받았다는 뜻이다.

풀리지 않는 수수께끼
─ 공기 차단

미라가 만들어지는 원인 중 대단히 특이한 원인으로 꼽히는 것이 '밀봉'이다. 무덤 속에서 공기가 통하지 않아 썩지 않고 그대로 보관된 형태다. 밀봉 미라가 대규모로 발견되는 건 한국이 시신상 유일하다고 생각했다. 회곽묘 때문이다. 하지만 중국 장강 이남의 일부 귀족층 미라도 같은 이유로 미라가 되었다는 사실을 확인했다. 앞서 소개한 대로 중국의 마왕퇴 미라, 호북성 형주 박물관에 전시돼 있는 168호분 미라 등도 모두 같은 원리다. 중국에선 무덤 속에서 마르지 않고 그대로 남아 있는 미라를 '쓰시'라고 부르며 보통의 미라와는 구분해서 생각한다.

같은 밀봉 미라라도 만들어지는 조건은 다양하고, 무덤의 구조도 제각각 다르다. 비슷한 구조의 무덤이라도 어떤 시신은 완전히 썩어 뼈도 남지 않지만, 어떤 미라는 냉동 미라만큼이나 보관 상태가 좋아 딱 부러지게 설명하기 모호하다. 원인에 대해서는 다양한 가설이 존재하고, 많은 학자들은 이런저런 의견을 내놓는다. 다만 밀봉된 상태에서 어떤 형태로든 '살균 과정'을 거치지 않으면 완전한 보존은 어렵다. 중국 마왕퇴한묘에서 발견된 무덤은 3개다. 모든 같은 형태의 무덤이고, 똑같은 매장 방식으로 같은 장소에 매장했다. 하지만 수천 년이 지난 후 무덤 속에서 수은이 발견된 신추의 시신만이 미라로 남았다는 사실은 이런 나만의 가설을 어느 정도 보충하고 있었다.

화학이 만든 기적
―비누화 현상

어떤 학자들은 밀봉 미라의 생성 원인을 시체에 있는 지방이 염기성 물질과 반응해 지방산 염과 글리세롤(지방이 알코올로 변한 끈기 있는 액체로, 무색투명함)을 생성하는 '비누화 현상'으로 설명한다. 가정에서 흔히 쓰는 비누는 지방을 주재료로 하며, 화학구조가 변했기 때문에 결코 썩지 않는다. 결국 미라란 시체가 비누처럼 변해 썩지 않았다는 설명이다.

실제로 비누 인간 미라는 드물지 않게 존재한다. 미국 스미소니언박물관은 2011년 박물관 소식지로 보관 중인 '비누 인간' 미라를 소개해 세계적인 화제가 됐다. 이 미라는 1875년 미국 필라델피아의 한 철도역 건설 현장에서 발굴됐는데, 전문가들의 감식 결과, 1800년경 해당 부지에 매장된 것으로 밝혀졌다. 박물관 측 설명에 따르면 해당 지반의 지하수가 알칼리 성분 토양을 함유한 채 관 속에 흘러 들어가 화학적 변화를 일으켰다는 것이다.

한국 미라의 보존 원인도 이런 비누화 현상에서 완전히 자유롭지는 않은 것으로 보인다. 알칼리성 지하수의 유입 등으로 일부 미라가 비누화 현상을 겪었을 수 있다. 무덤의 주변을 감싸는 생석회도 강한 알칼리 물질이기 때문이다. 100% 비누화 현상으로 만들어진 미라와는 비교하기 어렵지만, 한국의 미라는 분명히 비누화 현상과 관련이 있다고 보고 있다. 그런 근거는 곳곳에서 찾을 수 있는데, 파평 윤씨 모자 미라 등 일부 미라는 전신의 피부에서 비누화 현상을 찾아볼 수 있다. 여러 구의 한국 미라를 살펴본 결과, 정도의 차이는 있지만 의외로 많은 미라에서 비누화 현상을 찾을 수 있었다.

물론 비누화 현상만으로 한국 미라의 생성 원인을 해석하기엔 무리가 있다. 충분히 부패를 방지할 만큼 완전히 비누화 현상이 이뤄진 경우는 없었기 때문이다. 조사와 탐사 결과 그리고 여러 논문 작업에 비춰 볼 때, 밀봉과 살균 과정이 모두 충족돼야 미라가 만들어진다고 보는 것이 가장 타당하다. 한국 미라의 이런 일부 비누화 현상은 미라가 무덤 속에 들어가기 전, 즉 초상 단계에서 일부 부패의 방지를 막아 준 것으로 이해하는 편이 오히려 타당하지 않을까 생각해 본다.

불멸에 도전하려는 의지
— 인공 제작

　　　　　　　　　가장 먼저 인공 미라를 만들기 시작
한 나라는 칠레 북부 해안 지역이다. 흔히 5,300년 전 사망한 '아이스맨 외
치'를 가장 오래된 미라로 꼽지만, 일부 전문가들은 이곳 거주민인 '친초로
Chinchorro' 부족 사람이 7,000~9,000년 전 만든 미라를 꼽기도 한다. 친초로
미라가 처음 발견된 것은 1950년대로 이미 반세기 전의 일이다. 하지만 당
시 탄소연대측정법이 보편화되지 않았기 때문에 단순 고고학자들의 추측
에 의해 1,000~2,000년 흘렀을 거라는 게 정설이었다. 그러다 최근 연구
결과 이 친초로 미라가 최고最古 미라라고 다시 각광받고 있는 것이다. 놀
라운 것은 이들이 시신을 인공으로 처리해 보존하려 했다는 사실이다. 시
신을 진흙과 가죽으로 감싸고, 점토로 가면을 만들어 씌워 매장했다. 극
히 일부 사람들, 특히 아이들이 미라로 만들어졌다. 이 말은 이들이 수천
년 전부터 계급사회를 만들고, 사후 세계를 믿었다는 증거로 볼 수 있다.
　시신을 방부 처리해 만든 인공 미라로는 이집트의 미라처럼 잘 알려진
것도 드물다. 흔히 많은 사람들은 이집트 사람들이 미라를 영구 보존해
두면 언젠가는 되살아날 거라고 믿어 이런 방부 처리를 했다고 생각한다.
하지만 이집트인들은 '시신은 영혼이 머무는 안식처'라는 개념에서 출발했

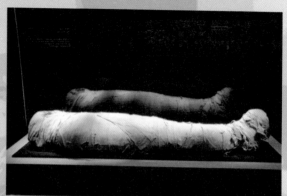

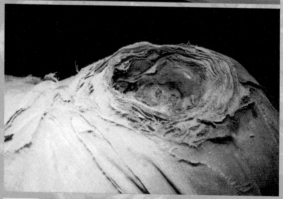

① 국립중앙박물관에 전시된 이집트 미라.

② 관람객들이 국립중앙박물관에 전시된 이집트 미라를 흥미있게 살펴보고 있다.

③ 본래 이집트 미라는 아마포로 완전히 말아두기 때문에 얼굴을 볼 수 없다. 전시 중인 미라는 특별히 얼굴 부위만 오려내기도 한다.

다. 어떻게 하면 육신을 최대한 오랫동안 잘 보관하느냐에 의미를 둔다. 되살아나길 기대했다기보다, 영혼이 와서 쉬고 가길 기대한 것이다. 역사적으로 인공 미라를 만든 국가는 이집트뿐이 아니다. 잉카문명을 꽃피운 멕시코와 페루 그리고 오세아니아 대륙의 뉴기니 지역 등이 있다. 허나 이집트인의 미라 제작 기술은 다른 민족이 흉내 낼 수 없을 만큼 뛰어났다.

이집트에서 미라를 만드는 데는 대략 70일이 걸린다. 이런 작업은 얼굴에 재칼 마스크를 쓴 '페르 네페르'라는 이름의 장의사가 진행한다. 재칼 마스크를 쓴 것은 장례의 신 '아누비스'를 상징한 것이다. 이집트인은 처음에 미라를 만들기 위해 관, 붕대, 수지나무의진로 시신을 쌌다. 하지만 습기를 제거하지 못해 만드는 미라마다 썩는 경우가 많았다. 수지로 봉하기 전에 몸을 건조시켜야 했다.

그래서 만든 방법이 온몸을 네이트론천연 탄산소다으로 말리는 것이다. 먼저 네이트론으로 온몸을 씻긴 후 천으로 다시 한 번 몸을 닦았다. 그러고 나서 썩기 쉬운 내장 등을 신체에서 제거했다. 먼저 콧구멍을 통해 뇌를 꺼내고, 그 다음에는 위, 간, 창자, 폐를 꺼냈다. 심장은 꺼내지 않았다. 심장이 생각, 기억, 지능을 주관하는 장기라고 여겨졌기 때문이다. 이런 장기들은 다시 네이트론으로 건조시켜 나무, 진흙, 돌을 섞어 만든 4개의 칸을 가진 상자 안에 각각 넣어 시신 옆에 두었다. 그다음 시신의 몸을 포도주와 향신료로 씻은 다음 속에 네이트론을 채우고, 보릿짚, 헝겊, 약초 등도 넣었다. 겉에도 네이트론을 덮어 30~40일 건조시키는데, 이 과정을 거치면 몸속의 수분이 완전히 말라 체중의 80% 정도가 준다. 건조가 끝나면 시신을 꺼내 송진과 향신료 등을 바르고, 피부에 생기를 불어넣기 위해 밀랍과 기름으로 문지른다. 그런 다음 아마亞麻 천과 끈으로 몸을 두르고 습기가 침투하지 못하도록 그 위에 수지를 바른다. 모든 작업이 끝나면 미라의 얼굴에 데스마스크Death Mask를 씌운다. 이집트 미라는 인공적인 건조 작업과 방부 처리를 거쳐 만든, 당시로서는 최고의 기술이 동원된 장묘 방법이었던 셈이다.

인공 미라는 현대에도 꾸준히 만들어지고 있다. 과거의 미라와는 달리 현대의 인공 미라는 일정 기간 인간의 시체를 생전과 똑같은 모습으로 보존하는 데 목적을 둔다. 대부분은 정치적인 목적이 많은데, 대중에게 절대적인 영향을 끼친 국가적 위정자를 오랫동안 남겨 두기 위해 만드는 것이다. 구소련의 스탈린, 베트남의 호치민, 북한의 김일성 등이 미라로 만들어졌다. 최근 미국에는 시신을 미라로 만들어 주는 기업이나 단체도 있다.

만드는 방법은 다음과 같다. 우선 시체를 수조에 넣어 발삼향이 나는 방부액을 피부로 침투시킨다. 그다음 부패하기 쉬운 뇌와 안구, 내장 등을 빼내고, 생체 수분량과 같은 70~80%의 방부액을 체내에 채워 넣고, 피부가 팽팽해지도록 몇 시간 공기 중에 노출시킨 다음 화장을 시키고 새 옷을 입혀 유리관에 넣는다. 이렇게 작업해도 생전과 같은 모습을 유지하기 위해선 지속적인 관리가 필요하다. 깨끗한 곳에서 보관해야 하며 온습도에도 유의해야 한다. 제작 방법에 따라 차이가 있지만 대부분 매주 방부제를 얼굴과 손 등 노출 부위에 발라 주어야 하고, 2~3년에 1회 정도 다시 방부액에 담갔다가 꺼내야 한다.

이집트인은 미라를 만들기 위해 관, 붕대 수지(나무의 진)
로 시신을 쌌다. 습기를 제거하기 위해 온몸을 네이트론
(천연 탄산소다)으로 말렸다.

방부 처리가 끝난 미라에 마지막으로 씌우는 데스마스크
이집트 미라의 대표적인 상징물이기도 하다.

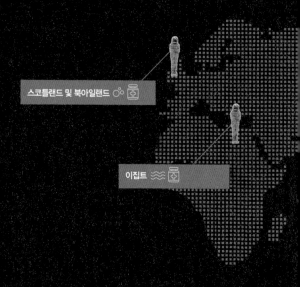

스코틀랜드 및 북아일랜드

이집트

장강 북부지역 ⚬⚬

- 공기차단 ⚬⚬
- 건조 〰〰
- 냉동 ❄
- 방부처리 🏺

알타이산맥 ❄

미국 ❄ 🏺

한국 ⚬⚬

일본, 태국 〰〰

안데스산맥 위쪽 〰〰 ❄

장강 남부지역 ⚬⚬

안데스 산맥 왼쪽 〰〰

스코틀랜드 및 북아일랜드

늪이나 습지가 많은 지역적 특성 때문에 생기는 '보그피풀'이라는 미라가 많이 발견된다. 늪의 화학 성분으로 인해 미라가 부패하지 않고 지금까지 남아 있다.

이집트

이집트 사상에서 시신이란 영혼이 머무는 쉼터 같은 곳이다. 피라미드는 왕을 위한 것이지만 미라는 일반 귀족층에서도 만들던 공통된 장묘 문화였다.

중국 장강 북부 지역

건조한 북방 지역에선 '간시' 미라가 자주 발견되고 있다. 중국 북서쪽 타클라마칸 사막 지역에 살고 있던 소수민족들이 저마다의 장묘 문화로 매장했고, 이런 시신들이 수시로 미라로 발견된다.

중국 장강 남부

습기가 많은 중국 남부 지역에선 미라를 거의 찾아볼 수 없다. 다만 일부 권력층의 무덤에서 피부의 탄력이 살아 있는 '쓰시' 미라가 드물게 발견된다. 젖어 있는 시체라는 뜻으로, 전 세계 미라를 통틀어 한국 미라와 생성 원인이 가장 비슷하다.

알타이 산맥

중앙아시아에서 북동아시아에 걸쳐 있는 '알타이' 산맥에는 시베리아의 차가운 기후가 만든 냉동 미라가 다수 존재한다. 알타이 얼음 공주 등이 유명하다.

한국

한국 미라가 오랫동안 보존된 원인은 역시 회곽묘다. 하지만 그 이전에 여러 가지 요인이 작용했다는 사실을 간과할 수 없다. 조선 초기 사대부 가문은 보통 수개월에서 수년간 상을 치렀다. 이 때문에 여름철에 죽은 사람은 매장하기도 전에 부패하기도 한다. 따라서 상대적으로 겨울에 죽은 사람이 미라로 남는 경우가 많다. 한국의 겨울철 추위와 건조한 기후 덕분에 매장 전까지 썩지 않던 시신이 매장 이후에 회곽묘 속에서 미라로 변했다.

미국

미시간 주 디트로이트에 위치한 '냉동인간협회'는 불치병에 걸린 환자들을 위한 치료 방법과 되살릴 수 있는 기술이 개발될 때까지 인위적으로 냉동 보관하고 있다. 이 밖에 미국 솔트레이크시티의 비영리 종교단체 '서멈Summum'은 시체를 미라로 만들어 준다.

일본, 태국

태국과 일본은 특별히 미라가 자주 발견되는 환경은 아니지만 승려가 음식과 물을 극도로 절제하며 스스로의 몸을 점점 말려 들어가다 마지막 숨을 거둬 그대로 미라로 남는 '즉신불^{승려 미라}'이 유명하다. 즉신불은 사망하기 전 이미 보존 처리가 이뤄지는 셈이라 즉신불을 미라의 영역에 넣을 것인가 하는 논란이 있다.

남아메리카 안데스 산맥 오른쪽

잉카 시대에 산에 제물로 바친 시체들이 차고 건조한 기후의 영향을 받아 미라로 남는 경우가 많다.

남아메리카 안데스 산맥 왼쪽

페루, 에콰도르 같은 나라는 미라의 보고다. 건조한 기후 때문이다. 수많은 미라가 사막 아래 묻혀 있기 때문에 '땅만 파면 미라가 나온다'는 말이 있을 정도다.

미라 연구,
조상들이 남긴 귀중한 정보를 찾아
떠나는 시간 여행

미라와 관련된 취재를 수년간 진행하고, 《동아일보》 신문 지면과 《과학동아》 월간잡지 등에 소개하면서 주변 지인들에게 가장 많이 받는 질문이 '그 흉측한 것들을 쫓아다녀서 무엇 하느냐'였다. 미라는 차갑고 건조한 자연환경 때문에 만들어진다. 조상의 육신을 소중하게 생각하는 사고방식, 다양한 장묘 문화와 기후 환경이 하나로 합쳐지며 만들어진다. 연구하면 할수록, 미라란 문화와 역사, 자연이 후세에 남겨 준 마법과 같은 선물이라는 생각이 든다. 한국·중국을 포함한 아시아, 유럽, 이집트, 남미 등 전 세계에서 찾아볼 수 있는 미라는 그 나라의 기후와 생활양식을 대변한다. 이런 미라를 연구하고, 조상들이 전해 준 정보를 찾아내는 일, 미라로부터 얻은 고대의 정보를 통해 의학과 문화를 한층 더 풍요롭게 가다듬는 일은 현 시대를 살아가는 우리들의 의무가 아닐까 생각해 본다.

미라(mirra)라는 이름

- 썩지 않은 시신과 몰약, 그 두 가지 뜻의 함축어

우리나라에서 쓰는 '미라'라는 단어는 포르투갈어 외래어
인 미라(mirra)가 어원이다. 일본도 우리나라와 마찬가지로 포
르투갈어 원음을 빌려와 'ミイラ'라고 적고 있다. 영문으로는
'mummy'라고 표현하고, 프랑스어로는 'momifier', 독일어로는
'Mumie'라고 표현한다. 인도네시아에선 'mumi'라고 적는다. 어
느 나라나 발음이 비슷하다는 점이 재미있다.

언어란 사람끼리 의사소통을 하며 생긴다. 나라마다 옮겨
다니며 조금씩 발음도, 글자도, 어순도 변하기 마련이다. 물론
뜻에도 조금씩 변화가 생긴다. 하지만 특정한 단어를 나라별
로 찾아보면 의외로 재미있는 사실을 발견하는 경우가 많다.
특히 무언가 하나의 대상을 공부할 때 비슷한 발음을 갖는 여
러 나라 단어들을 찾아보면 그 단어가 왜 생겼는지 조금은 짐
작이 갈 때가 많다.

러시아어 미르라(мирра)라는 단어는 몰약(沒藥)이라는 뜻
으로, 원래는 감람과의 식물을 뜻한다. 아라비아, 아프리카 등
여러 나라에 분포한다. 즙을 내어 고대부터 방향 및 방부제로
쓰고, 향수, 의료품, 구강 소독이나 통경제, 건위제 등으로 썼
다는 기록도 남아 있다. 스페인어로는 미라를 'momia'라고 적

는데, 재미있는 것은 포르투갈어와 단어 철자까지 같은 'mirra'라는 단어가 이곳에선 반대로 몰약이란 뜻으로 쓰인다. 결국 미라라는 말은 시신을 보존하고 보관하는 데 썼던 약품 등과 어느 정도 그 뜻이 통하면서 시신 그 자체와 혼돈되어 쓰이고 있다는 사실을 쉽게 유추할 수 있다. 심지어 이런 표기는 아시아에서도 마찬가지다. 중국어로 밀사(蜜蠟, 밀라)라는 단어는 우리나라 말로 '밀랍'이라는 뜻이다. 미라의 생성 원인 중에는 시랍화 현상이 포함돼 있고, 밀랍으로 시신을 굳혀 보관하던 나라도 없지 않다는 걸 생각하면 이런 단어들의 조합이 결코 우연은 아니라고 여겨진다. 그리고 포르투갈 외래어 '미라'가 아닌 순 우리나라 단어 '미라'도 있는데, 이 역시 '밀랍'이라는 뜻이다. 라틴어로 '미라(mira)'란 놀라움을 뜻하는 단어다. 여담이지만 세계 천문학자들은 이 이름을 '고래자리'라고 부르는 별의 고유 명칭으로 삼았다. 현재는 가장 유명한 장주기변광성(긴 시간에 걸쳐 밝기가 변하는 별)으로 태양보다 500배나 큰 것으로 알려져 있다.

흔히 우리나라 사람 중에 미라를 '미이라'라고 적는 경우를 흔히 볼 수 있다. 일본어 'ミイラ'를 그대로 번역하다가 실수하는 경우가 많고, 그 발음을 그대로 한글로 옮겨 적으면서 생긴 까닭도 있을 것이다. 미라의 포르투갈어로 발음은 'mi: ra'이다. 따라서 읽을 때는 '미이라'라고 길게 늘여 읽어도 무방하겠지만, 한글로 적을 때는 '장모음의 장음은 따로 표기하지 않는다'는 외래어 표기법에 따라 정확하게 '미라'라고 적어야 한다. 따라서 '미라'를 한글로 적을 때는 어떤 경우든 '미라'라고 적는 것이 옳은 표기법이다.